私家版戦車入門1

無限軌道の発明と英国タンク

モリナガ・ヨウ[著]

大日本絵画

まえがき

戦車って、そもそもなんだろう

近代戦車が誕生して100年が経ちます。第一次世界大戦の最中に生まれた戦車（タンク）―まだそんな言葉はありませんでしたが―は、今日のそれとはずいぶん違った形をしていました。本書は、そんな黎明期の戦車について考えたものです。

大きく括ると、装甲板で防御された火力が陸上で自在に動く物が「戦車」であるといえましょう。ただ、そんなことが可能なのか分かりませんでした。陸上戦艦はおとぎ話です。まだ内燃機関と蒸気機関が主役争いをしていました。もしかすると複雑な変速機の要らない電気でもいいかも知れません。果たして不整地を進むにはどんな足回りがすぐれているのでしょう。巨大な車輪か、無限軌道か、多脚メカのアイデアもありました。たとえ動いたとしても、いったいどうやって曲がったらよいのか試行錯誤が続きます。現在の乗り物のエンジンは運転手とは別の箱に入れられていますが、不安定なエンジンの横に、付きっきりで機関士が必要なころのお話です。火器のすぐ横にガソリンを置いて大丈夫なのか、全てはまだ「そこから」でした。

そもそも戦車とはなにかと自分なりに考えた連載から、今回は第一次世界大戦の戦車誕生前後のイギリス軍の物を中心にまとめました。「新兵器」鉄条網の本格的実戦投入と、装甲板に囲まれたトラクターが造られたボーア戦争から筆を起こしています。手探りの開発の苦労と、それに関わった人たちの苦闘など含め、戦車が産まれたころの時代に身を置いて想像していただければ幸いです。

●わずかな差で第一号の栄誉を逃したフランス戦車や後の戦車王国からは想像できないドイツ戦車、そしてさらに遡った古代戦車たちについては次巻にまとめる予定でおります。
●訳語については、特に定形が定まっていないものは自分で決めてしまいました。
●各タイトルや連載回数、余計な書き込みは、せっかくなので出来るだけそのままにしてあります。長きにわたった連載のため、発表後新しい資料が出てきたりしたものは追加するように努めましたが、いろいろカバーしきれていない部分についてはご容赦ください。

●向かって右ページの説明→長く続けている連載の途中で、このような戦車発達図を一度まとめました。本書はこの下半分くらいを扱っています。いわゆる公式なものではなく、筆者なりの解釈でつくられた「私家版戦車入門」であります。

私家版戦車入門㉓ タンク誕生までのマトメ えと文/モリナガ・ヨウ
うごく!
装甲
火力
1916年、イギリスで「タンク」が生まれた。それまでの「タンク以前」を表にしてみた。一応作者の講想通りに記事は進んでいるのだが…?(Vol_は、アーマーモデリングの番号)
。戦車とは「火力を持ち」「装甲をまとい」「どこでも走れる」というものである。(モリナガ定義=私家版たる由縁)
破城づち
チャリオット(古代戦車)は、すたれてしまう。
攻城やぐら
騎士
ブリューゲルの戦車
戦術の変化で甲ちゅう騎士すたれる。
17~18世紀は戦車不在
ヴァーゲンブルグ(Vol.56)
・火力の発達はたいへんゆっくりしたものだった。
基本的に動かせない。
ダ・ヴィンチの無敵戦車(Vol.58)
リボードガン
鉄砲
非力な前装銃など
後装砲や、ライフルの登場
動力革命以前は、いくら防御・火力を備えても「動かせ」なかったのだ。
蒸気機関
無装甲時代
ヨロイ着ない。
1860's
海軍は、重いモノを動かせた。
南北戦争の「モニター」砲塔
装甲+火力+移動(ただし海上…)
しかしボイラーは場所をとってくや武器のスペースがない。
コーエンマシーン(実現せず)
1855
(Vol.62.63)
戦斗牛車
ひらめいた!
製鉄の発展 19c後半~
南北戦争は、ハードな消耗戦となる。
(Vol.61)
ガトリング砲
塹壕 1865
巨砲の鉄道移動
内燃機関
シムスのモーターウォーカー
1900
機関銃
デカ車輪の流れ
どこでも走りたい
1880's
フォウラーの蒸気装甲列車 1900(Vol.69)
クルップ パンツァーカノーネ(Vol.74)
履帯の進化
1877
(Vol.74)
1900's
(日露戦争)
戦車の生みの親として機関銃は外せない。いたずらに兵士の死体の山ができるばかりだった。
海軍航空隊の装甲車。彼らはエンジンへの偏見はなかった。
1909
1908
陸上戦艦の摸索
ホルトトラクター
いっぱい死んじゃう
第1次世界大戦
(Vol.78)
1914
1920
ランドシップ委員会。
1915
1915
塹壕
※東部戦線は塹壕が発達せず、装甲車でも可だったようだ。
防御しつつ、塹壕を乗り越えたいのだ。
塹壕は走れん!
個人装甲(ヘルメット)
直径9m.
リンカーンマシーン
1915.9
リトルウィリー
(Vol.79)
(Vol.81)
(Vol.83-84)
砲塔あり
1922(Vol.73)
※マーク1も、デカ車輪案あり。
全周履帯は、「デカ車輪」をつぶした形」という気もする。
むかで号(マザー)
1915.
(Vol.86)当初の役割は「塹壕を踏みつぶす」ものであったのだ。
※それでもうんと重いモノはスチームだった。スチームローラーは戦後(WW1)も使われる。
自前線路=履帯
マーク1へ。

目次

まえがき、戦車ってそもそもなんだろう …… 2
タンク誕生までのマトメ …… 3

第1章　敵弾を跳ね返し、荒地を進め。 …… 5
イギリスの蒸気トレーラー …… 7
補遺コラム1　ボーア戦争と戦慄の新兵器「有刺鉄線の鉄条網」 …… 8
巨大車輪の系譜 …… 9
補遺コラム2　皇帝戦車その後の消息 …… 10
キャタピラーの誕生 …… 11
補遺コラム3　便利なミニ鉄道 …… 12
シムスのモーターウォーカー …… 13
補遺コラム4　シムス号にはどうやって乗り込むのか …… 14

第2章　英国の履帯で走るドイツ皇太子 …… 15
「近代戦車」への試行錯誤 …… 16
機関銃と塹壕 …… 17
補遺コラム5　戦場を支配していた砲兵の威力 …… 18
ランドシップ委員会 …… 19
補遺コラム6　誰が戦車を発明したのか?　ド・モールの陸上戦艦 …… 20
ランドシップ委員会 ② …… 21
補遺コラム7　キレン・ストライト小型トラクターについて …… 22
リトル・ウィリー上 …… 23
写真コラム1　リトル・ウィリーと、砲塔の蓋 …… 24
リトル・ウィリー下 …… 25
補遺コラム8　リトル・ウィリー斜め後方の図 …… 26

第3章　陸上戦艦だけど、タンクと呼びたまえ …… 27
とうとう戦場に現れた元祖近代戦車 …… 28
タンク誕生 …… 29
補遺コラム9　船は舵で曲がる …… 30
マークⅠ ① …… 31
補遺コラム10　最初の戦車兵 …… 32
マークⅠ ② …… 33
補遺コラム11　重装甲では動かない …… 34
マークⅠ ③ …… 35
写真コラム2　マークⅡのビッカース機銃 …… 36
マークⅠ　④ …… 37
補遺コラム12　ガザのマークⅠ …… 38
マークⅠ～Ⅲ …… 39
写真コラム3　マークⅡの貼視孔と牽引ホールド …… 40

第4章　実戦の試練を受け、四代目は本格派に …… 41
初めて大量投入された戦車 …… 42
マークⅣ ① …… 43
写真コラム4　タンク情景女神つき …… 44
マークⅣ ② …… 45
補遺コラム13　戦場は穴だらけ …… 46
対戦車事始め …… 47
写真コラム5　英国ボービントンのタンク博物館 …… 48
マークⅣ ③ …… 49
補遺コラム14　整備マニュアルから～何をするにもグリスまみれ …… 50
マークⅣ ④ …… 51
補遺コラム15　車体(ハル)に番号を書く …… 52
マークⅣ ⑤ …… 53
補遺コラム16　鉄道なので荷物運びは得意かもしれない …… 54
カンブレーの戦いでのマークⅣ …… 55
補遺コラム17　月の砂漠の戦車戦 …… 56
マークⅣ補遺など …… 57
補遺コラム18　異形タンク …… 58

第5章　速さは歩きの二倍、しかも一人で操縦 …… 59
今の自動車の感覚では考えられない厄介さ …… 60
マークAホイペット ① …… 61
写真コラム6　ホイペット戦車の機関室 …… 62
マークAホイペット ② …… 63
補遺コラム19　ホイペットの細かな変化など …… 64
マークAホイペット ③ …… 65
補遺コラム20　トリットンチェイサー正面図 …… 66
ホイペットコネタ …… 67
補遺コラム21　戦車に荷物用フックがつく …… 68
ホイペットその後 …… 69

あとがき …… 70
参考文献 …… 71
奥付 …… 72

第1章
敵弾を跳ね返し、荒地を進め。

イギリスの蒸気トレーラー
蒸気装甲トレーラー
巨大車輪の系譜
皇帝戦車
フォウラートラクター
キャタピラーの誕生
ホーンビートラクター
ホルトトラクター
シムスのモーターウォーカー

軌道は便利、それをどこでも使いたい

戦車という乗り物は、敵の弾を弾き返しながら荒地を進んで行きます。そこで悪路や荒野を走るのには走行装置をどんな仕組みにすればいいのかという試行錯誤が、この章と言うか「私家版戦車入門」の要諦です。

乗り物の動力を蒸気機関から内燃機関へと移行しようと模索しているころ、車輪を大きくしてゆけばいいという発想がありました。戦闘車両にとっては壊れやすいのではないかという意見もありました。大きくすると言っても限界があります。取りまわしとか、強度とか。踏み板を並べればいいではないかと、無限軌道と大型車輪の間をつなぐような乗り物も登場します。(そこで、この車輪を上下に潰した形の無限軌道が考えられたんじゃないかと思います)。

一方、でか車輪には、でか車輪なりの進化の流れというものができて、トラクターなど独自の方向に進化して行きました。

荒地でも線路を敷いて鉄道を通せば輸送はできます(当時、簡易鉄道は今日から想像するよりも一般化していました)。しかし線路を敷くのはたいへんな作業。自分で自分の前に線路を無限に敷きながら、その上を進んで行ければなァ、を形にしたのが、文字通り、無限軌道でした。いわば線路のいらない鉄道車両です。

無限軌道、俗に言う「キャタピラー」を装着した車両は現在、工事現場などでごく普通にみられ、履帯は当たり前のように二本とほぼ決まっています。しかし発明された当時は、履帯は一本がいいのか、二本か、はたまた棒にしてみたらどうかと、今では想像もつかないようなアイディアが出たり消えたりしていました。

この無限軌道が発明されなかったら、足がいっぱいついているような車両が主流になってたかもしれない、なんてことも、この章から想像していただければと思います。

とりあえず普通の戦車入門書だと、いきなりホルトトラクターと、英国のマークI(マザータンク)からはじまるわけですが、ここではそれ以前のことからあれこれと描きました。

●初出
イギリスの蒸気トレーラー
月刊アーマーモデリング誌　2005年7月号

巨大車輪の系譜
月刊アーマーモデリング誌 2005年11月号

キャタピラーの誕生
月刊アーマーモデリング誌 2005年12月号

シムスのモーター・ウォー・カー
月刊アーマーモデリング誌　2006年1月号

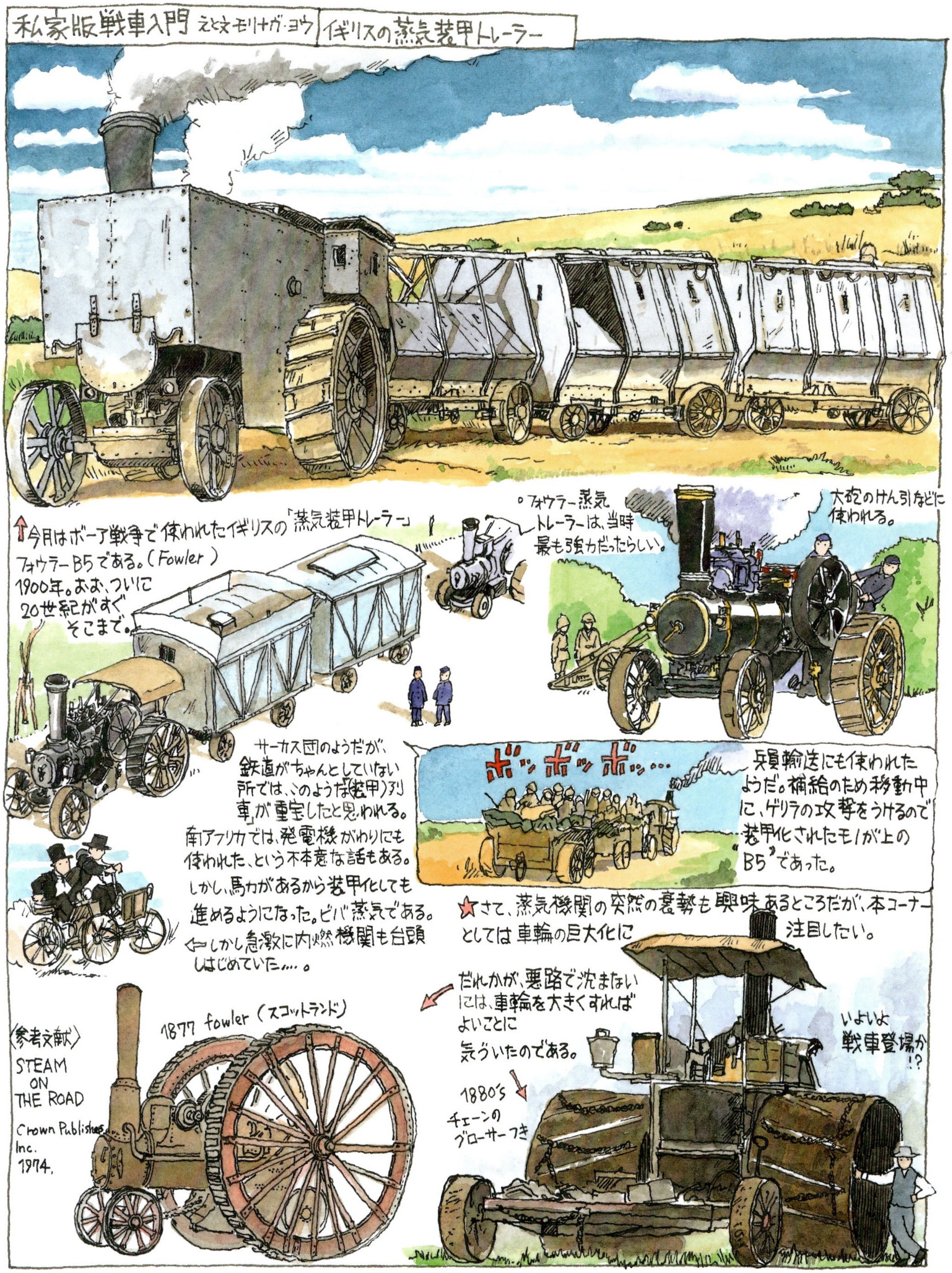
私家版戦車入門 えと文 モリナガ・ヨウ
イギリスの蒸気装甲トレーラー
↑今月はボーア戦争で使われたイギリスの「蒸気装甲トレーラー」
フォウラーB5である。（Fowler）
1900年。おお、ついに
20世紀がすぐ
そこまで。
。フォウラー蒸気
トレーラーは、当時
最も強力だったらしい。
大砲のけん引などに
使われる。
サーカス団のようだが、
鉄道がちゃんとしていない
所では、このような「(装甲)列
車」が重宝したと思われる。
南アフリカでは、発電機がわりにも
使われた、という不本意な話もある。
しかし、馬力があるから装甲化しても
進めるようになった。ビバ蒸気である。
⇦しかし急激に内燃機関も台頭
しはじめていた…。
ボッボッボッ…
兵員輸送にも使われた
ようだ。補給のため移動中
に、ゲリラの攻撃をうけるので
装甲化されたモノが上の
"B5"であった。
☆さて、蒸気機関の突然の衰勢も興味あるところだが、本コーナー
としては車輪の巨大化に注目したい。
だれかが、悪路で沈まない
には、車輪を大きくすれば
よいことに
気づいたのである。
〈参考文献〉
STEAM
ON
THE ROAD
Crown Publishers
Inc.
1974.
1877 fowler（スコットランド）
1880's
チェーンの
ブローサーフキ
いよいよ
戦車登場か
!?

ボーア戦争と戦慄の新兵器「有刺鉄線の鉄条網」

私家版 戦車入門 えと文/モリナガ・ヨウ 巨大車輪の系譜

（下部砲塔勝手に省略）
↖世界大革命でブルジョア軍蹂躙の図。しかし赤軍が「戦車の皇帝」って名前のOKを出すのか不明だ。改名したと思う。
★今回はナリユキで、何と20世紀に入ってしまった。前回までに不整地踏破用で蒸気トラクターの車輪がどんどん巨大化したことを語った。これは、その方向への進化のひとつの究極形である。
〈皇帝戦車〉
1917年ロシア
車輪の直径は9mもある！
小さな車輪より大きいちが有利にきまっている。
・塹壕をふみ越えるために巨大な車輪を備えた。ペーパープランだけかと思っていたが、革命政府も計画に興味を持ち、1922年に完成してしまった！動かしてみたら、後輪が溝にはまってだめでした…というダメな展開になったらしい。
自転車様なのは、装甲化すると重くなりすぎちゃうのだろうな…。
これは無限軌道と、デカ車輪の間をつなぐタイプ。フォウラートラクターのR3（1877）。普通のトラクターが走れない軟弱地でも進むことができた。
★第1次大戦後のポルシェ博士設計のトラクターも、「糸巻き戦車」型である。
↗「NAVI」のオシゴトで知りました。
大きくなると重さを分散できるのかなあ？
スコダのRSOもデカ車輪である。
現在でも業務用にデカタイヤは存在している。
・履帯に頼らないというのもひとつの解答ではある。
兵士の接地圧は1平方センチあたり0.5〜1kgだそうです。
★さて、時代は再び19世紀末〜20世紀初頭に戻る。「戦車」産みの親のひとり機関銃は、植民地で「暴徒」を殺しまくっていた。ヨーロッパの軍隊は、全くその悪魔的威力に気づいていなかった。
ラクダ戦車 1872年
Ⓜ'05

補遺コラム 2

皇帝戦車その後の消息

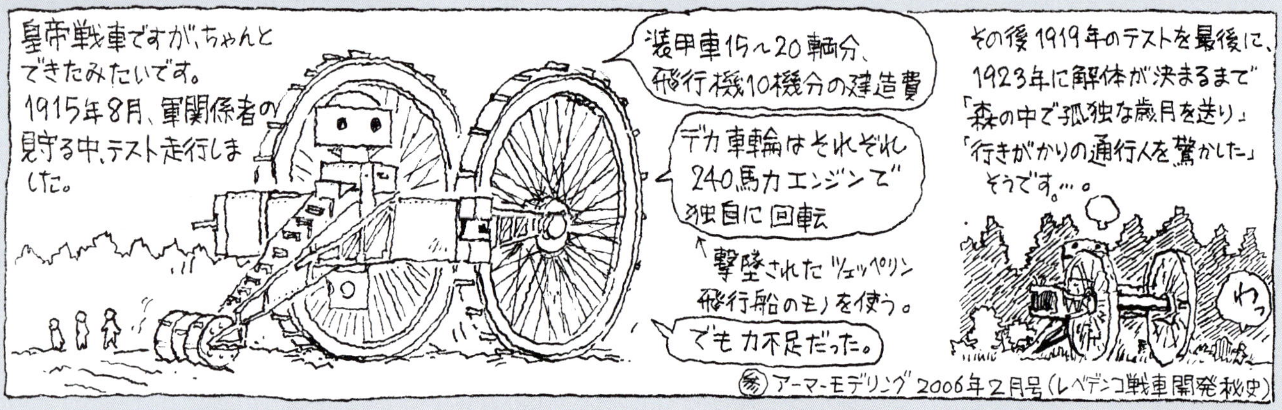
皇帝戦車ですが、ちゃんとできたみたいです。
1915年8月、軍関係者の見守る中、テスト走行しました。
装甲車15〜20輌分、飛行機10機分の建造費
デカ車輪はそれぞれ240馬力エンジンで独自に回転
撃墜されたツェッペリン飛行船のモノを使う。
でも力不足だった。
その後1919年のテストを最後に、1923年に解体が決まるまで「森の中で孤独な歳月を送り」「行きがかりの通行人を驚かした」そうです…。
わっ
参 アーマーモデリング2006年2月号(レベデンコ戦車開発秘史)

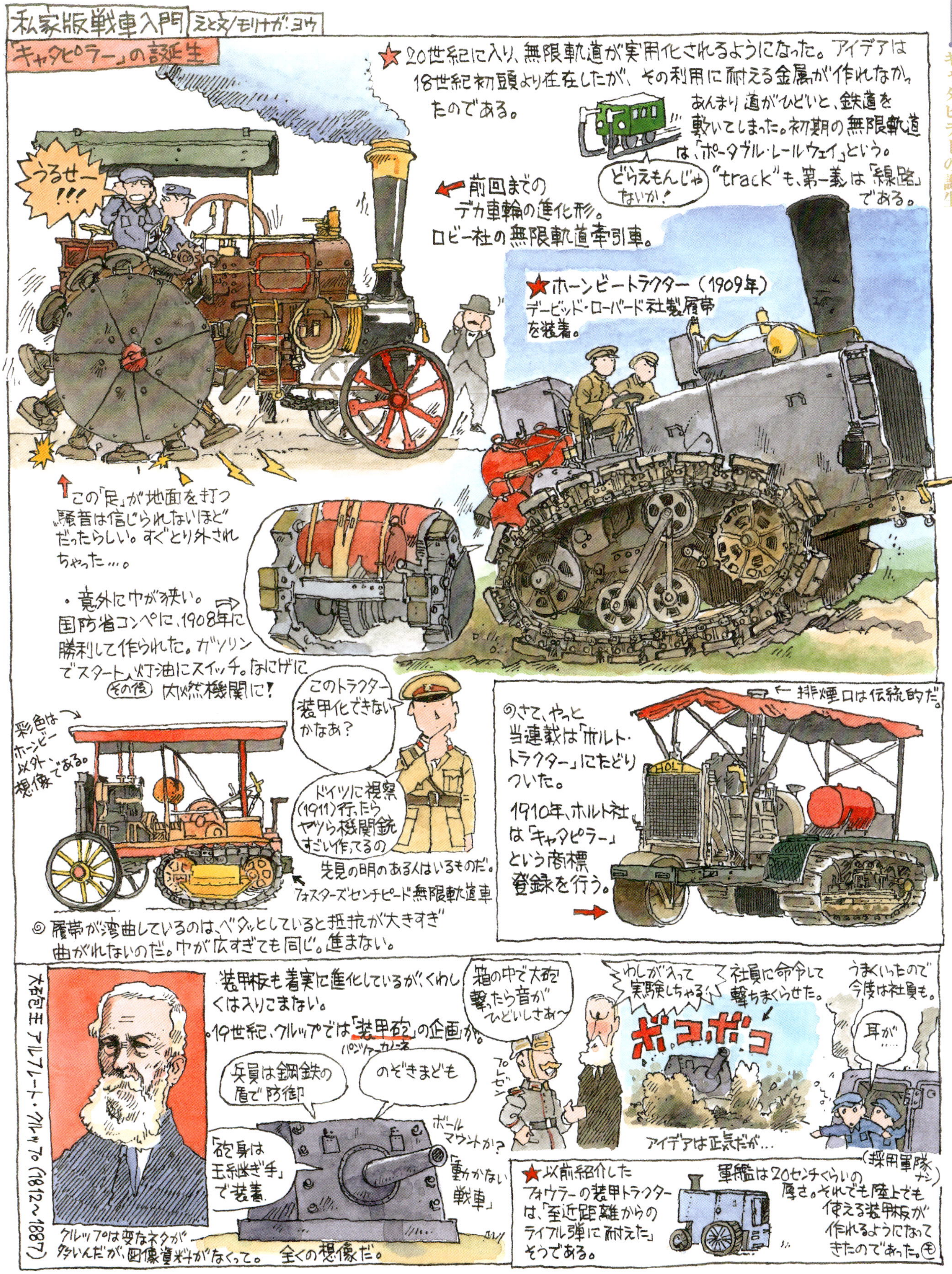
私家版戦車入門
えと文/モリナガ・ヨウ
「キャタピラー」の誕生
★20世紀に入り、無限軌道が実用化されるようになった。アイデアは18世紀初頭より存在したが、その利用に耐える金属が作れなかったのである。
あんまり道がひどいと、鉄道を敷いてしまった。初期の無限軌道は「ポータブル・レールウェイ」という。
どらえもんじゃないか！
"track"も、第一義は「線路」である。
うるせー!!!
←前回までのデカ車輪の進化形。ロビー社の無限軌道牽引車。
★ホーンビートラクター（1909年）
デービッド・ローバード社製履帯を装着。
↑この「足」が地面を打つ騒音は信じられないほどだったらしい。すぐとり外されちゃった…。
・意外に中が狭い。
国防省コンペに、1908年に勝利して作られた。ガソリンでスタート、灯油にスイッチ。なにげに（その後）内燃機関に！
彩色はホーンビー以外、想像である。
このトラクター装甲化できないかなあ？
ドイツに視察（1911）行ったらヤツら機関銃すごい作ってるの
先見の明のある人はいるものだ。
フォスターズセンチピード無限軌道車
◎履帯が湾曲しているのは、ベタッとしていると抵抗が大きすぎ曲がれないのだ。中が広すぎても同じ。進まない。
←排煙口は伝統的だ。
◎さて、やっと当連載は「ホルト・トラクター」にたどりついた。
1910年、ホルト社は「キャタピラー」という商標登録を行う。
HOLT
大砲王アルフレート・クルップ（1812～1887）
装甲板も着実に進化しているが、くわしくは入りこまない。
・19世紀、クルップでは「装甲砲（パンツァーカノーネ）」の企画が。
兵員は鋼鉄の盾で防御
のぞきまども
「砲身は玉継ぎ手」で装着。
ボールマウントか？
「動かない戦車」
クルップは変なネタが多いんだが、図像資料がなくって。全くの想像だ。
箱の中で大砲撃ったら音がひどいしさあ～
プレゼン
わしが入って実験しちゃる！
社員に命令して撃ちまくらせた。
ボコボコ
アイデアは正気だが…
うまくいったので今度は社員も。
耳が……
（採用軍隊ナシ）
★以前紹介したフォウラーの装甲トラクターは、「至近距離からのライフル弾に耐えた」そうである。
軍艦は20センチくらいの厚さ。それでも陸上でも使える装甲板が作れるようになってきたのであった。㊮

補遺コラム 3

便利なミニ鉄道

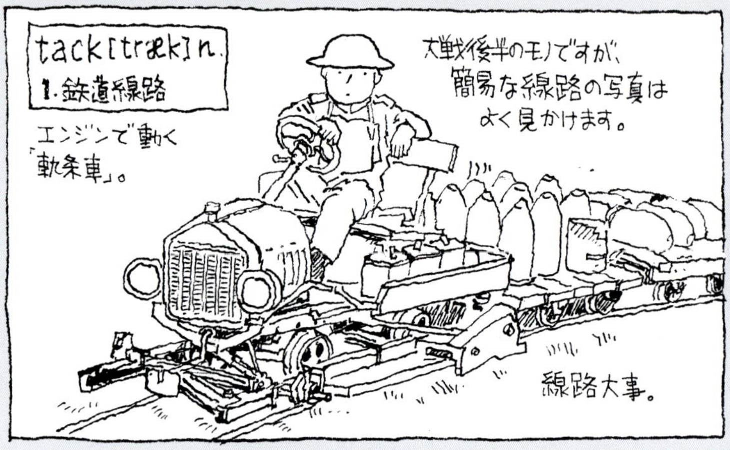
tack[træk]n.
1.鉄道線路
エンジンで動く
「軌条車」。
大戦後半のモノですが、
簡易な線路の写真は
よく見かけます。
線路大事。

私家版戦車入門 シムスのモーター・ウォー・カー えと文/モリナガ・ヨウ

★1900年(1899年?諸説あり)ハンブルグ生まれの英国人発明家フレデリック・シムスは、世界初の内燃機関の装甲戦闘車輌を開発する。写真が残っているが、思ったよりデカい…。ロンドンでの展示会では軍部に丸無視されてしまう。

シムス

エンジンを発明したダイムラーと仲良しで、英国の売り込み係として現地会社を作った人。

日本での別名『シムス号』

横から見るとこんな感じ。

↑不鮮明な写真、復元図ではツルツルに見えるが、これだけのサイズの一枚板とは考えにくい。学研X図鑑のパネルラインに従って作画した。

1898年
ウェルズの『宇宙戦争』出版の年だ。

一人乗り四輪原チャリ。1.5馬力のガソリンエンジンつき。これも売り込むが、没になった模様。

・前に描いた「コーエン・マシーン」と違って、モーター・ウォー・カーは、簡単な内部図があり、それを参考にした。人員輸送車としては12人運べたとある。当然床板は張られていたと思うが…。

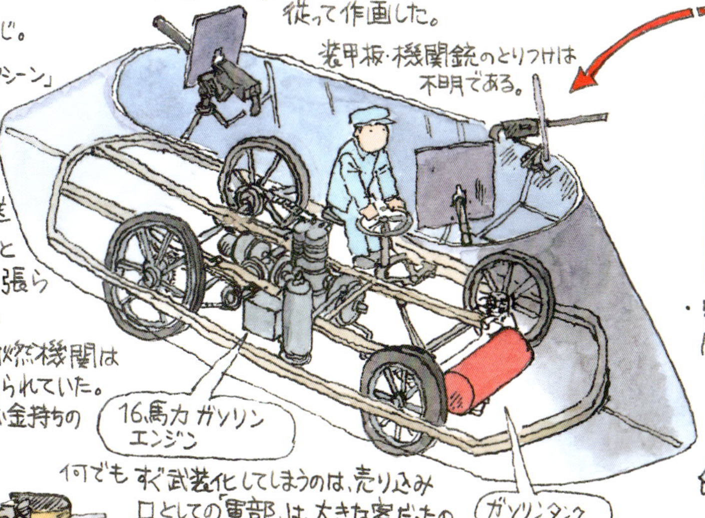
装甲板・機関銃のとりつけは不明である。
16馬力ガソリンエンジン
ガソリンタンク

・「何だかんだいっても、内燃機関は非力だ」という目で見られていた。あれはスポーツとか、お金持ちのおもちゃだ、とも。

・別の図では砲塔つきの物も残されている。同時に考案されたかどうか不明である。

何でもすぐ武装化してしまうのは、売り込み口としての「軍部」は、大きな客だったのだろうと思う。契約とれたら、デカイよね。

↑これは構想のみにおわったペニントンの流線形装甲車輌。コーエン・マシーンの流れが。

けれども火薬の近くで、ガソリンを扱うのは激しく抵抗があったようです。
1911年までイギリス軍はそれを禁じていました。ガソリンスタンドで花火を売る、みたいな?
おとく用

だから初期のガソリン缶は赤く塗られている。

★同時期、米国でもガソリンエンジン車に機関銃を載せたモノがいくつも考えだされている。

(装甲がないので、装甲車ではない)

技術者は新しいモノに新しいモノつけたがるのかなあ。「ミサイル」とか。

・マキシム機関銃プロトタイプ。

◎さて、夢の蒸気戦車が生まれるのか?というタイミングで、あっという間に内燃機関が成長してしまう。『機甲入門』によるとマキシムが機関銃を発明した年は、ダイムラーがガソリン内燃機関を発明した年だという(1883年・ちょっと強引?)。

だんだん役者が揃ってきてしまった。次号あたりから、第一次大戦ボッパツか?いやだなあ。

1897年ドイツで考えられた蒸気戦車。
とても同時代とは思えない非現実ノリ。

補遺コラム 4

シムス号にはどうやって乗り込むのか

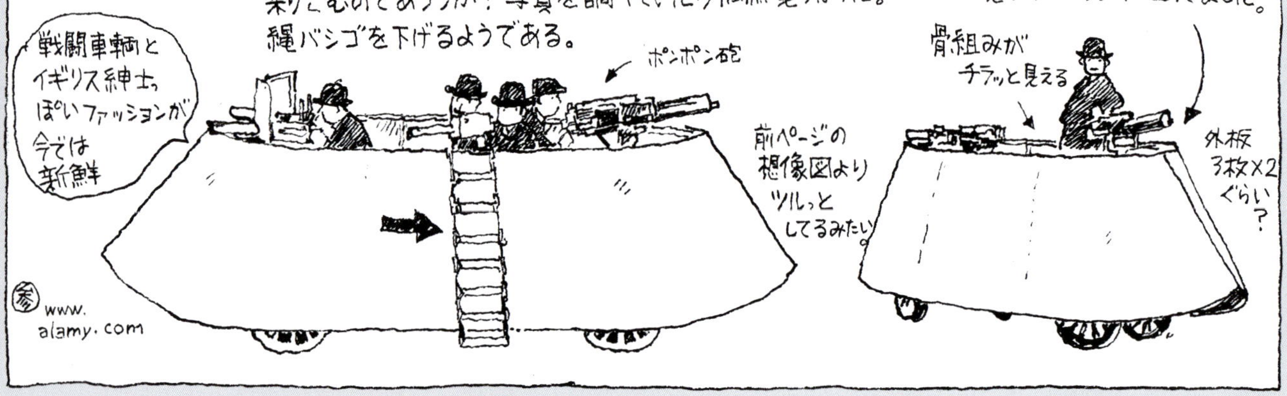

Motor War Car
補遺。そういえばこんな形の乗り物、いったいどうやって
乗りこむのであろうか？写真を調べていたら偶然見つかった。
縄バシゴを下げるようである。
戦闘車輌とイギリス紳士っぽいファッションが今では新鮮
ポンポン砲
前ページの想像図よりツルっとしてるみたい。
www.alamy.com
あと、別角度。端っこは
意外にエッジが立ってました。
骨組みがチラッと見える
外板3枚×2ぐらい？

第2章
英国の履帯で走るドイツ皇太子

機関銃と塹壕
ランドシップ委員会
トリットン塹壕跨渡車両
ペドルレイルランドシップ
ド・モール陸上戦艦
キレン・ストレイト無限軌道装甲車
ナンバー1リンカーンマシーン
リトル・ウィリー

「近代戦車」への試行錯誤

第一次大戦がはじまった時には、兵隊がかぶるヘルメットもありませんでした。19世紀的な装備で臨んだ戦いでは、火砲と機関銃の猛威で莫大な死傷者が続出。フランスの兵隊たちは死ぬのは怖くないが、無駄に死んでゆくのは嫌だ、ということで反乱を起こしたりしています。

砲弾と機関銃弾が飛び交う中、鉄条網を踏みつぶし、塹壕を超えて進む兵器が必要だということで、後の英国首相、当時は海軍大臣を務めていたウィンストン・チャーチルがランドシップ委員会を作り開発にかかりました（チャーチルは新しいモノ好きだったらしいです）。

子供のころに読んだ戦車の本には、イギリスは人命を大事にする為に戦車を作ったと書かれていた気がしますが、昔ながらの戦法では、もはやものすごい消耗戦のなか二進も三進も行かなくなったから作ったのではないかと思います。

この章は、実用段階に達した無限軌道を使って、塹壕を超え、鉄条網を踏み潰して進む乗り物を作ろうという試行錯誤を描いています。とはいえ、もう戦争は始まっていて、何をやっても、ぶっつけ本番の連続でした。

そうしてできた世界初の戦車が「リトル·ウィリー」でした。リトル・ウィリーは1.5メートル幅の塹壕を超え、1.36メートルの堤を乗り越える性能を要求されて作られた戦車でした。果たしてこれで事態は打開できるのでしょうか?

●リトル・ウィリー
重量14トン、全長8077ミリ

●初出
機関銃と塹壕
月刊アーマーモデリング誌 2006年4月号

ランドシップ委員会
月刊アーマーモデリング誌 2006年5月号

ランドシップ委員会②
月刊アーマーモデリング誌 2006年7月号

リトル・ウィリー(上)
月刊アーマーモデリング誌 2006年9月号

リトル・ウィリー(下)
月刊アーマーモデリング誌 2006年11月号

私家版 戦車入門
えと文・モリナガ・ヨウ
機関銃と塹壕
★さて、ついに第一次大戦勃発である。機関銃の前に突撃する歩兵は全く無力で、いたずらに、死体の山を築くばかりでらちがあかない…。
・第一次大戦が始まる10年以上前に日露戦争で、機関銃の実力は思う存分発揮されていた。英国はともかく、各国で機関銃の研究が進むのであるが、「撃たれたら、こうなる」というのは真剣に教訓として受けとめられなかったようだ。
・東洋人や植民地人が死んでも関係ない出来事とうけとったのかなァ？やっぱり。
↑結局巨砲を持ちこむ。
『機関銃の社会史』でも、日露戦争の記述はすごーく少ない。
・防御のために塹壕が作られ、あっというまに欧州を分断して海に達する。う回ができなくなってしまったのであった。
ベルギー
ドイツ
パリ
フランス
英軍の塹壕は割と雑。
さすがに兵士のプチ装甲化が始まる。皮や布のかぶりものから、鉄かぶとに移行していった。
余談 英軍が機関銃に興味を持たなかったのは、ライフル部隊の伝統のせいらしい。
ズドドドドドドン
弾幕
←斉射撃をすれば効果は同じはずだ！
↓ドイツ軍は「攻めとった領土」なのでマジメ(?)に塹壕を作る。砲撃で破壊できず、何度英軍が攻撃しても攻め落とせなかった。
砲撃中は地下にもぐり、突撃してくると出てきて撃退する。
←こういうのもあった。重くて使いものにならなかったようだが、このまま進化したら『ナウシカ』的装甲兵部隊になったかも知らん。
ヘルメットがこんな形なのは、ライフルが上手に撃てるように、じゃないか？全くの個人的推論だが。
←近世の鉄かぶと。
㊟平凡社 20世紀の歴史 図第1次世界大戦(下)1990.
ドイツ軍の塹壕が雑(ざつ)かったら歴史はかわっていただろう
★装甲車はあるにはあったが、砲撃で掘り返され塹壕や鉄条網だらけの戦場を走ることはできなかった。
1914年冬〜
1908年型ロールスロイスを装甲化。海軍航空隊の手による。彼ら飛行機乗りは、内燃機関に対する偏見はなかった。
・夏は普通のクルマで攻撃した。
※軍の上層部にとって、内燃機関車輌は後ろをトロトロ走るモノで、前線にいるべき存在ではなかったのである。
↑グデーリアンの『電撃戦』にも書いてある。
海の近くでツェッペリン飛行船とわたりあおうと…
アラビアのロレンス的（今日的な）装甲車による攻撃は、大戦初期には発想もなかったようなのだ。作られた時には走れる場所がなくなっていた。
ⓜ'06

補遺コラム 5

戦場を支配していた砲兵の威力

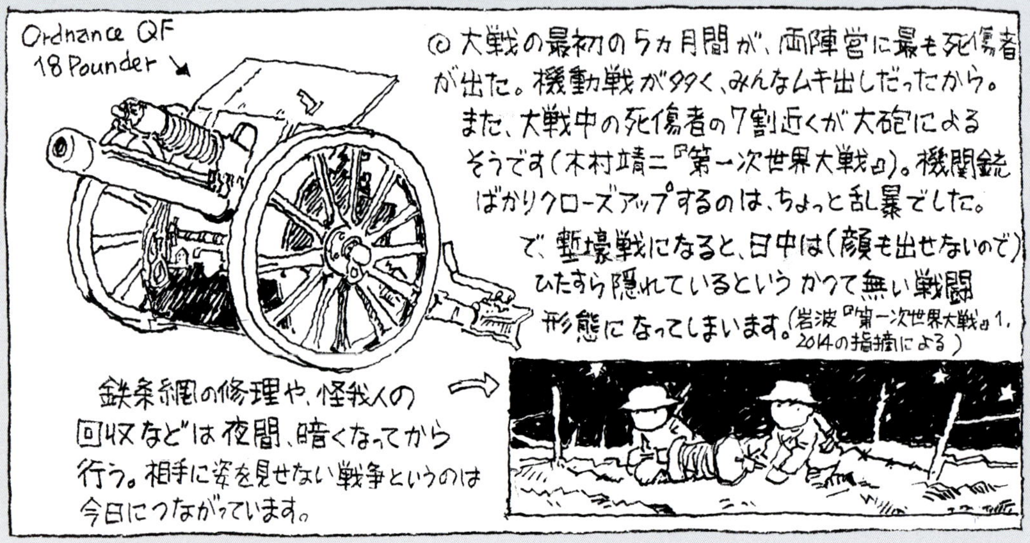
Ordnance QF 18 Pounder
◎大戦の最初の5ヵ月間が、両陣営に最も死傷者が出た。機動戦が多く、みんなムキ出しだったから。
また、大戦中の死傷者の7割近くが大砲によるそうです（木村靖二『第一次世界大戦』）。機関銃ばかりクローズアップするのは、ちょっと乱暴でした。
で、塹壕戦になると、日中は（顔も出せないので）ひたすら隠れているというかつて無い戦闘形態になってしまいます。（岩波『第一次世界大戦』1. 2014の指摘による）
鉄条網の修理や、怪我人の回収などは夜間、暗くなってから行う。相手に姿を見せない戦争というのは今日につながっています。

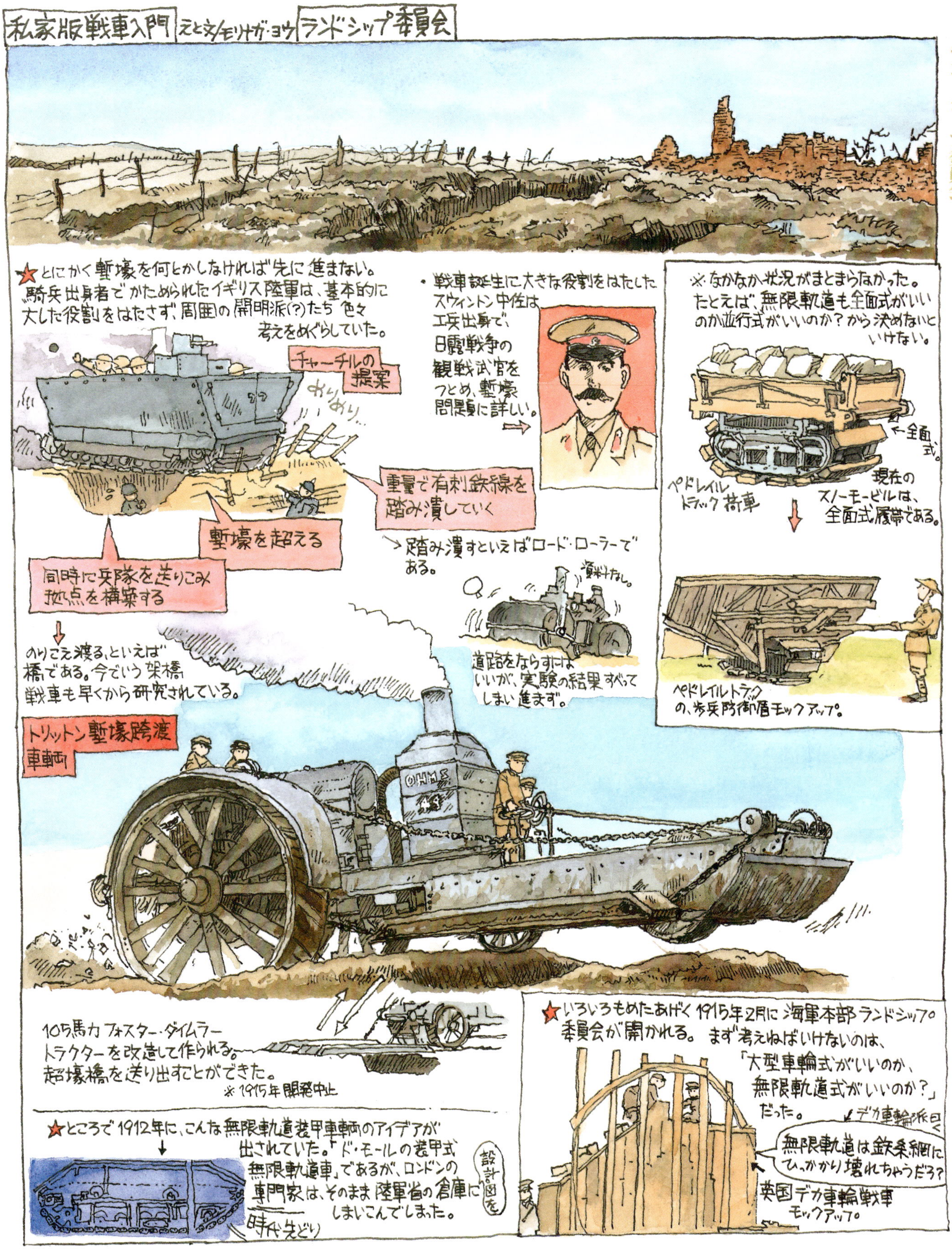
私家版戦車入門
えと文/モリナガ・ヨウ
ランドシップ委員会
★とにかく塹壕を何とかしなければ先に進まない。騎兵出身者でかためられたイギリス陸軍は、基本的に大した役割をはたさず、周囲の開明派(?)たち色々考えをめぐらしていた。
チャーチルの提案
めりめり…
重量で有刺鉄線を踏み潰していく
塹壕を超える
同時に兵隊を送りこみ拠点を構築する
のりこえ渡る、といえば橋である。今でいう架橋戦車も早くから研究されている。
・戦車誕生に大きな役割をはたしたスウィントン中佐は工兵出身で、日露戦争の観戦武官をつとめ、塹壕問題に詳しい。
踏み潰すといえばロード・ローラーである。
資料なし。
道路をならすにはいいが、実験の結果すべってしまい進まず。
※なかなか状況がまとまらなかった。たとえば、無限軌道も全面式がいいのか並行式がいいのか?から決めないといけない。
←全面式。
ペドレイルトラック荷車
現在のスノーモービルは、全面式履帯である。
ペドレイルトラックの、歩兵防御盾モックアップ。
トリットン塹壕跨渡車輌
105馬力フォスター・ダイムラートラクターを改造して作られる。超壕橋を送り出すことができた。
※1915年開発中止
★ところで1912年に、こんな無限軌道装甲車輌のアイデアが出されていた。「ド・モールの装甲式無限軌道車」であるが、ロンドンの専門家は、そのまま陸軍省の倉庫に設計図をしまいこんでしまった。
時代先どり
★いろいろもめたあげく1915年2月に海軍本部ランドシップ委員会が開かれる。まず考えねばいけないのは、「大型車輪式がいいのか、無限軌道式がいいのか?」だった。
デカ車輪派曰く
無限軌道は鉄条網にひっかかり壊れちゃうだろ?
英国デカ車輪戦車モックアップ。

誰が戦車を発明したのか？　ド・モールの陸上戦艦

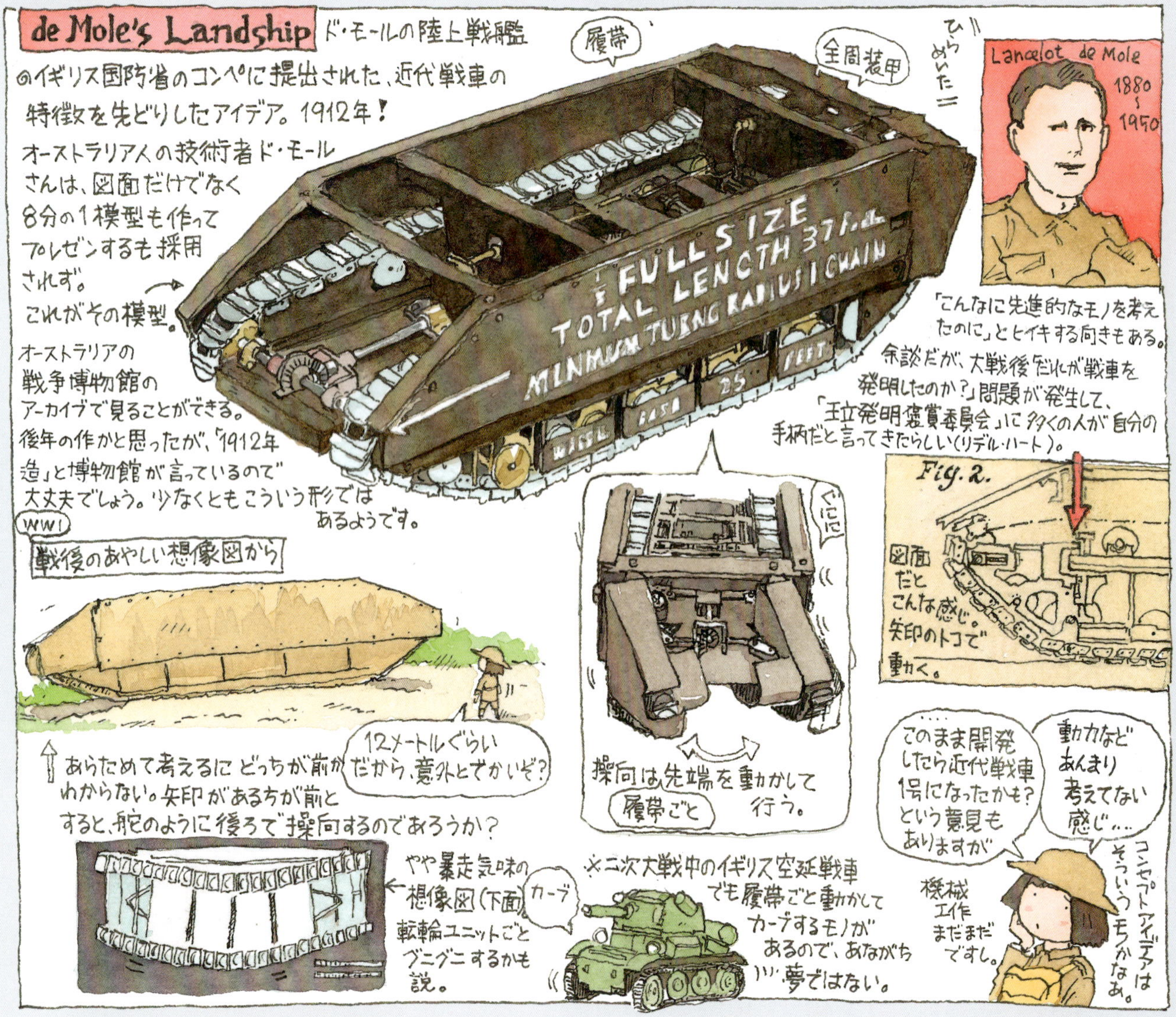

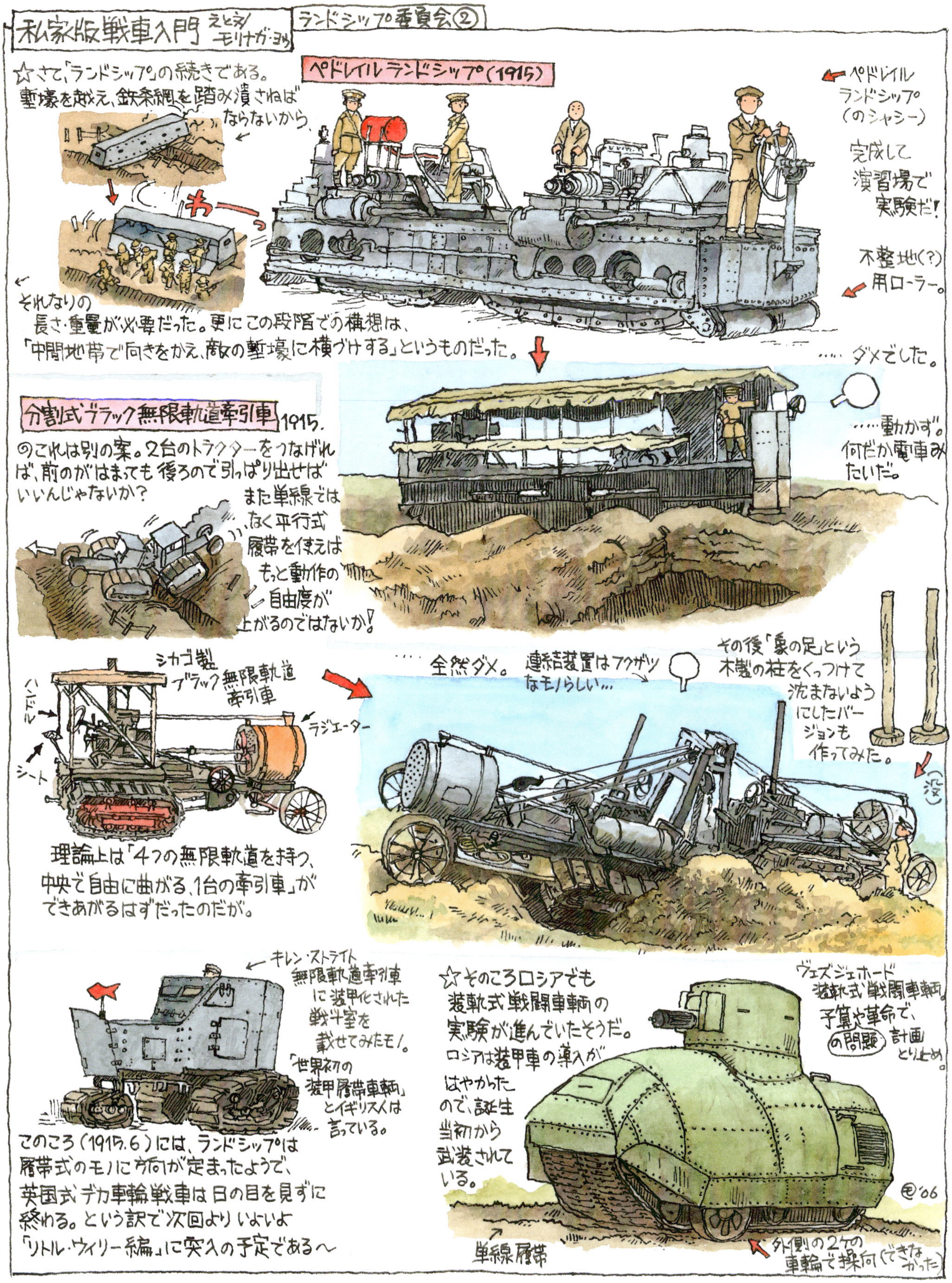
私家版戦車入門 えと文/モリナガ・ヨウ
ランドシップ委員会②
☆さて、「ランドシップ」の続きである。
塹壕を越え、鉄条網を踏み潰さねばならないから、
わ－っ
それなりの長さ・重量が必要だった。更にこの段階での構想は、「中間地帯で向きをかえ、敵の塹壕に横づけする」というものだった。
ペドレイルランドシップ(1915)
ペドレイルランドシップ(のシャシー)
完成して演習場で実験だ！
不整地(?)用ローラー。
……ダメでした。
分割式ブラック無限軌道牽引車 1915.
のこれは別の案。2台のトラクターをつなげれば、前のがはまっても後ろので引っぱり出せばいいんじゃないか？
また単線ではなく平行式履帯を使えばもっと動作の自由度が上がるのではないか！
……動かず。何だか電車みたいだ。
シカゴ製ブラック無限軌道牽引車
ハンドル
シート
ラジエーター
理論上は「4つの無限軌道を持つ、中央で自由に曲がる、1台の牽引車」ができあがるはずだったのだが。
……全然ダメ。
連結装置はフクザツなモノらしい…
その後「象の足」という木製の柱をくっつけて沈まないようにしたバージョンも作ってみた。
(没)
キレン・ストライト無限軌道牽引車に装甲化された戦斗室を載せてみたモノ。
「世界初の装甲履帯車輌」とイギリス人は言っている。
このころ(1915.6)には、ランドシップは履帯式のモノに方向が定まったようで、英国式デカ車輪戦車は日の目を見ずに終わる。という訳で次回よりいよいよ「リトル・ウィリー編」に突入の予定である～
☆そのころロシアでも装軌式戦闘車輌の実験が進んでいたそうだ。ロシアは装甲車の導入がはやかったので、誕生当初から武装されている。
ヴェズジェホード装軌式戦闘車輌。予算や革命での問題で計画とりやめ。
単線履帯
外側の2ケの車輪で操向(できなかった)
も'06

補遺コラム 7

キレン・ストライト小型トラクターについて

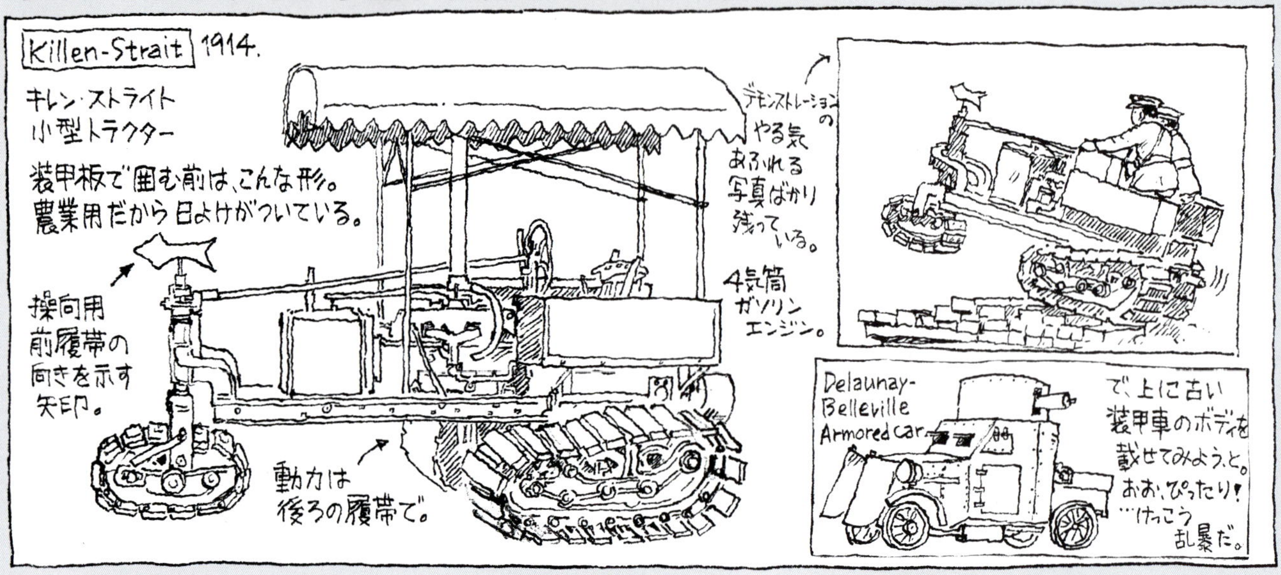
Killen-Strait 1914.
キレン・ストライト
小型トラクター
装甲板で囲む前は、こんな形。
農業用だから日よけがついている。
操向用
前履帯の
向きを示す
矢印。
動力は
後ろの履帯で。
デモンストレーションの
やる気
あふれる
写真ばかり
残っている。
4気筒
ガソリン
エンジン。
Delaunay-
Belleville
Armored car
で、上に古い
装甲車のボディを
載せてみようと。
おお、ぴったり!
…けっこう
乱暴だ。

私家版戦車入門 えと文/モリナガ・ヨウ リトル・ウィリー（上）
Little Willie
さて、ついに連載は初の「戦車」、リトル・ウィリーまでやってきた。リトル・ウィリーという名前は、あろうことかドイツ皇帝ヴィルヘルムⅡ世の息子のことである。イギリス人の考えることって……。
1882 ～ 1951
Wilhelm von Preußen
WWI当時はもう大人。マンガのネタにされまくっている!!ようだ。
ヴィルヘルム皇太子
※ウィリアム・トリットン氏から取ったの説もあるが、あまり面白くない……。
☆1915年7月、リンカーンにあるウィリアムフォスター社に、ランドシップ委員会から発注があった。
「アメリカから入手したブロック型履帯を使って、全装軌式の"一体型兵器"を製造せよ」と。
それが「リトル・ウィリー」の前身、「ナンバー1 リンカーンマシーン」である。
リンカーンのウィリアムフォスター社の社長 ウィリアム・アシュビー・トリットン。
The Number One Lincoln Machine
製造中の写真から。
箱組みしてから穴をあけている!
←履帯はあとからくっつける。「ロコ方式」だ!
フォスター・ダイムラーけん引車。
エンジンその他動力装置は、全て流用。
No.1 Lincoln Macine
ダイムラー6気筒105馬力エンジン。
○リベット留めのピッチは、「大梁製造会社のピッチ、約140ミリ」。
試作なので装甲はなく、ボイラー用鉄板。
一応砲塔も作られたらしい。主武装はヴィッカース2ポンドポンポン砲。装甲車では砲塔はあったから、自然な流れだったのかなあ。初の戦車から、砲塔は装備されていたのだ!
※ただ、車内は動系でいっぱいであり（駆）砲をつけても操作する人間がいられる場所がなかったようだ。回転したかどうかも不明。
参考にしたオスプレイのニューバンガード British Mark 1 Tank 1916, ではのぞき窓にフタがまだない。それに従った。
ワク・履帯・転輪・起動輪など完全なセットを流用。
1915.8月、シカゴからやってきた「ブロック・クリーピング・グリップ・トラクター社」の履帯は、やたんこだったそうだ。
防諜シート。おお、車体上に何だか構造物がありそうだ。
当時の記録写真から。いかにも履帯が短い。民生用では、これでも長尺だったらしいが。
「魚の腹のように」改良する。
まがれないから
すぐゆるんでしまい、強度も桜だ。（民生用だから）
☆1915年9月9日、ナンバーワンリンカーンマシーンは初めて大地を走行した。問題百出、まるで役に立たなかったのである。
（9/6の説もある）
こりゃだめだ
新設計だ
トリットン
ランドシップ委員のウィルソン（海軍）
大あわてで、英国式新履帯が作られることになる
読者様情報 1903年にウェルズが考えた陸上戦艦はこんな形。
モケイが手に入るらしいぞ!? ガレージキット
H.G.Wells Land Ironclad
THANKS TO もとみや様。
★こういう開発史をやっていると見えないけど、'15年の夏は、ソンムでイギリス兵が死にまくってるタイミングである。
つづく

補遺コラム 8

リトル・ウィリー 斜め後方の図

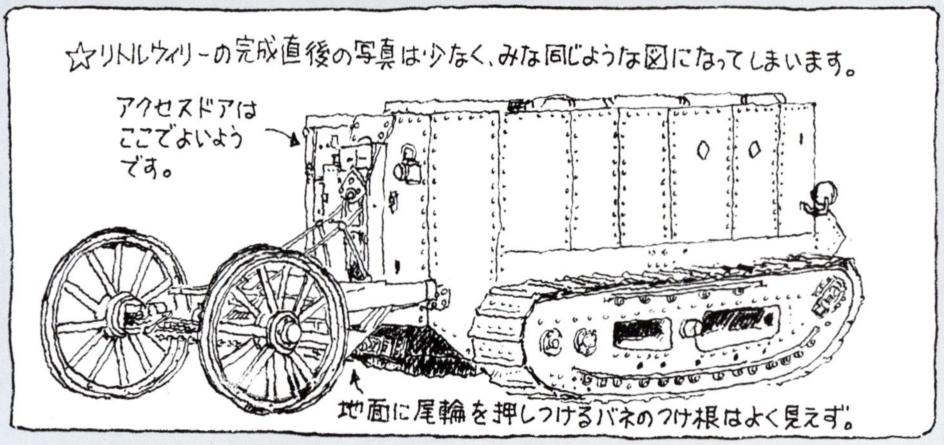
☆リトルウィリーの完成直後の写真は少なく、みな同じような図になってしまいます。
アクセスドアはここでよいようです。
地面に尾輪を押しつけるバネのつけ根はよく見えず。

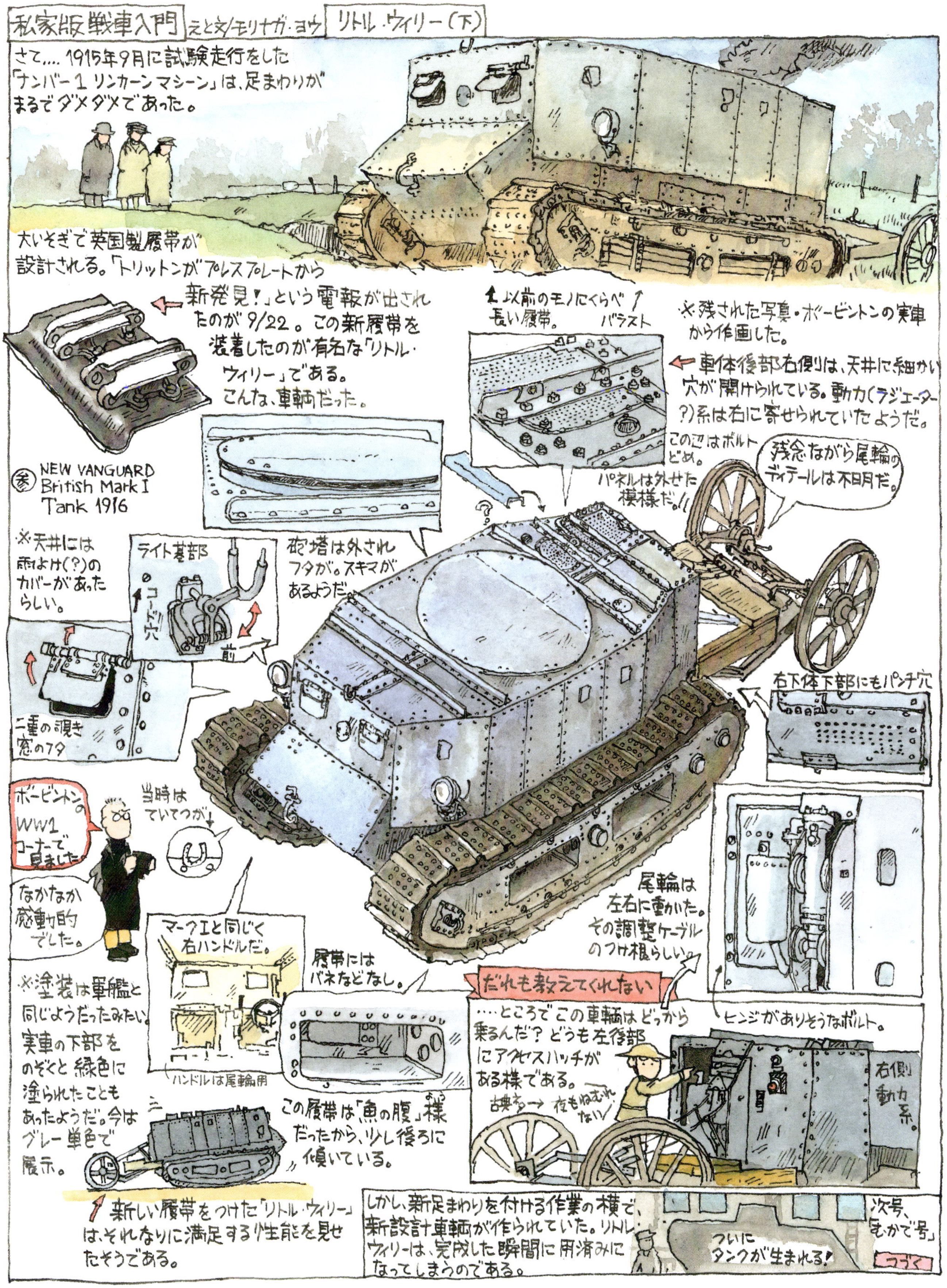
私家版戦車入門
えと文/モリナガ・ヨウ
リトル・ウィリー（下）
さて…. 1915年9月に試験走行をした「ナンバー1 リンカーンマシーン」は、足まわりがまるでダメダメであった。
大いそぎで英国製履帯が設計される。「トリットンがプレスプレートから新発見！」という電報が出されたのが9/22。この新履帯を装着したのが有名な「リトル・ウィリー」である。こんな、車輌だった。
参 NEW VANGUARD British Mark I Tank 1916
↑以前のモノにくらべ長い履帯。
バラスト↑
※残された写真・ボービントンの実車から作画した。
←車体後部右側は、天井に細かい穴が開けられている。動力(ラジエーター?)系は右に寄せられていたようだ。
この辺はボルトどめ。
パネルは外せた模様だ。!!
残念ながら尾輪のディテールは不明だ。
※天井には雨よけ(?)のカバーがあったらしい。
ライト基部
コード穴
前
砲塔は外されフタが。スキマがあるようだ。
二重の覗き窓のフタ
右下体下部にもパンチ穴
ボービントンのWW1コーナーで見ました。
なかなか感動的でした。
当時はていてつが
マークIと同じく右ハンドルだ。
ハンドルは尾輪用
履帯にはバネなどなし。
尾輪は左右に動かした。その調整ケーブルのつけ根らしい。
だれも教えてくれない
ヒンジがありそうなボルト。
…ところでこの車輌はどっから乗るんだ？どうも左後部にアクセスハッチがある様である。
狭っ→
夜もねむれない!
右側動力系。
※塗装は軍艦と同じようだったみたい。実車の下部をのぞくと緑色に塗られたこともあったようだ。今はグレー単色で展示。
この履帯は「魚の腹(おなか)」様だったから、少し後ろに傾いている。
↑新しい履帯をつけた「リトル・ウィリー」は、それなりに満足する性能を見せたそうである。
しかし、新足まわりを付ける作業の横で新設計車輌が作られていた。リトルウィリーは、完成した瞬間に用済みになってしまうのである。
ついにタンクが生まれる！
次号、「でかで号」
つづく

写真コラム 1

リトル・ウィリーと、砲塔の蓋

■ボービントンのタンク博物館にあるリトル・ウィリー。上は同車の砲塔を外した穴を塞いだ板の写真。説明しないと訳のわからない写真ですね。今ならYouTubeで誰でもリトル・ウィリーを上から見ることができます。しかし取材した当時は、リトル・ウィリーのこの部分を見るにはイギリスまで行くしかなかったんです。今は囲みがあるのでここまで近づいて撮れないようです。右の写真で操縦席窓まわりがイビツなのは謎の損傷で鉄板がめくれて穴があいているからです。当時の写真を見るとなんともなかったので、その後、内部で何かが爆発したのかもしれません。それから履帯の間にある四角いくぼみの側面に丸い穴が四つあることにも注意（……と、いう模型誌的言い回しを使ってみたかった！）。

第3章
陸上戦艦だけど、タンクと呼びたまえ

陸上戦艦むかで号
マークI内部図解
マークIの走らせ方
最初の戦車兵
タンク初陣

とうとう戦場に現れた元祖近代戦車

でか車輪がひし形に潰れて、無限軌道が車体の全周を回ってゆく乗り物。それがひし形戦車です。ひし形の前が反り上がっているのは障害物を乗り越えるため。でか車輪的機能の名残です（「でか車輪」は筆者の造語）。

武装がスポンソンに取り付けられているのは横付けして撃つためではないかと思います。車体を横を向けて射撃するっていうのは軍艦の片舷射撃的な発想で、なるほど陸上戦艦だと思えます。さらに車体の後ろに尾輪がついていて、これで操行するっていうのも、梶で向きを変える船の発想なのかなと思います。……筆者の推論ですが。

車体に迷彩を施してみたけど、戦場に出ると全身が泥まみれになってしまったから迷彩した意味なかったとか、とにかく何もかも初めてのことだから、想定外のことが次々と起こって行ったようです。

それからなにより重要なのはこの時に「タンク」という言葉ができたということですね。

●マークI戦車

重量28トン(雄型)、27トン(雌型)、乗員８名、6ポンド砲×２門＋機関銃４挺(雄型)、機関銃5挺(雌型)、装甲厚6から12ミリ、ダイムラーフォスター製ガソリンエンジン105馬力、速度5.95キロ/時、長さ9906ミリ、幅4191ミリ(雄型)、4368ミリ(雌型)、高さ2438ミリ

●初出
タンク誕生
月刊アーマーモデリング誌　2006年12月号

マークⅠ①
月刊アーマーモデリング誌　2007年5月号

マークⅠ②
月刊アーマーモデリング誌　2007年6月号

マークⅠ③
月刊アーマーモデリング誌　2007年9月号

マークⅠ④
月刊アーマーモデリング誌　2007年10月号

マークⅡ-Ⅲ
月刊アーマーモデリング誌　2012年11月号

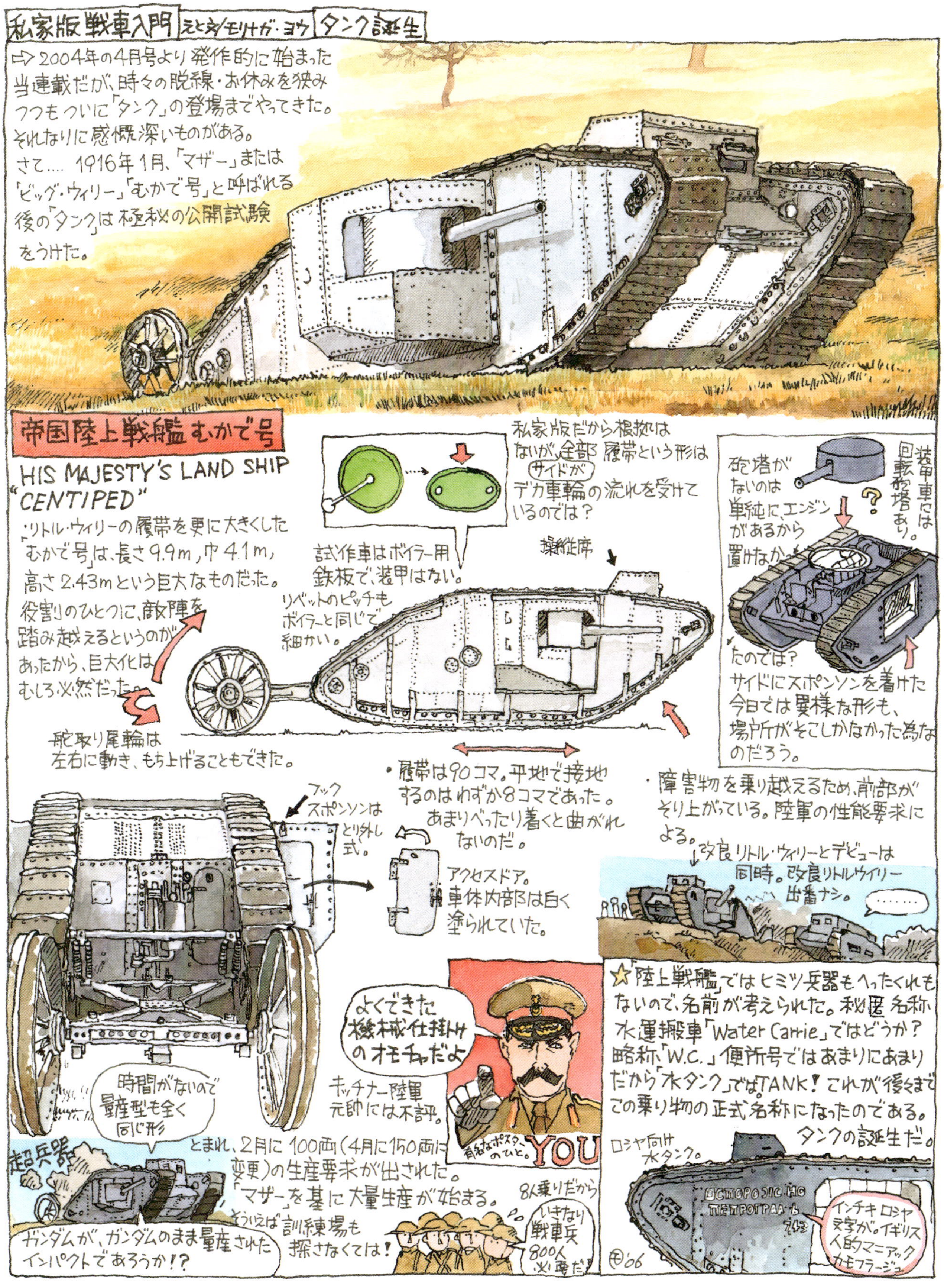
私家版戦車入門
えと文/モリナガ・ヨウ
タンク誕生
⇨2004年の4月号より発作的に始まった当連載だが、時々の脱線・お休みを挟みつつもついに「タンク」の登場までやってきた。それなりに感慨深いものがある。
さて…. 1916年1月、「マザー」または「ビッグ・ウィリー」「むかで号」と呼ばれる後の「タンク」は極秘の公開試験をうけた。
帝国陸上戦艦むかで号
HIS MAJESTY'S LAND SHIP "CENTIPED"
・リトル・ウィリーの履帯を更に大きくした「むかで号」は、長さ9.9m、巾4.1m、高さ2.43mという巨大なものだった。
役割のひとつに、敵陣を踏み越えるというのがあったから、巨大化はむしろ必然だった。
私家版だから根拠はないが、全部（サイドが）履帯という形はデカ車輪の流れを受けているのでは？
試作車はボイラー用鉄板で、装甲はない。
操縦席
リベットのピッチもボイラーと同じで細かい。
舵取り尾輪は左右に動き、もち上げることもできた。
砲塔がないのは単純に、エンジンがあるから置けなかったのでは？
装甲車には回転砲塔あり。
サイドにスポンソンを着けた今日では異様な形も、場所がそこしかなかった為なのだろう。
・履帯は90コマ。平地で接地するのはわずか8コマであった。あまりべったり着くと曲がれないのだ。
・障害物を乗り越えるため、前部がそり上がっている。陸軍の性能要求による。
フック
スポンソンはとり外し式。
アクセスドア。車体内部は白く塗られていた。
改良リトル・ウィリーとデビューは同時。改良リトルウィリー出番ナシ。
……
☆「陸上戦艦」ではヒミツ兵器もへったくれもないので、名前が考えられた。秘匿名称水運搬車「Water Carrie」ではどうか？略称「W.C.」便所号ではあまりにあまりだから「水タンク」ではTANK！これが後々までこの乗り物の正式名称になったのである。
タンクの誕生だ。
よくできた機械仕掛けのオモチャだよ
キッチナー陸軍元帥には不評。
有名なポスターのひと。
YOU
時間がないので量産型も全く同じ形
超兵器
ともあれ、2月に100両（4月に150両に変更）の生産要求が出された。「マザー」を基に大量生産が始まる。
そういえば訓練場も探さなくては！
8人乗りだから
いきなり戦車兵800人必要だ
ガンダムが、ガンダムのまま量産されたインパクトであろうか!?
ロシヤ向け水タンク。
インチキロシヤ文字が。イギリス人的マニアックカモフラージュ

船は舵で曲がる

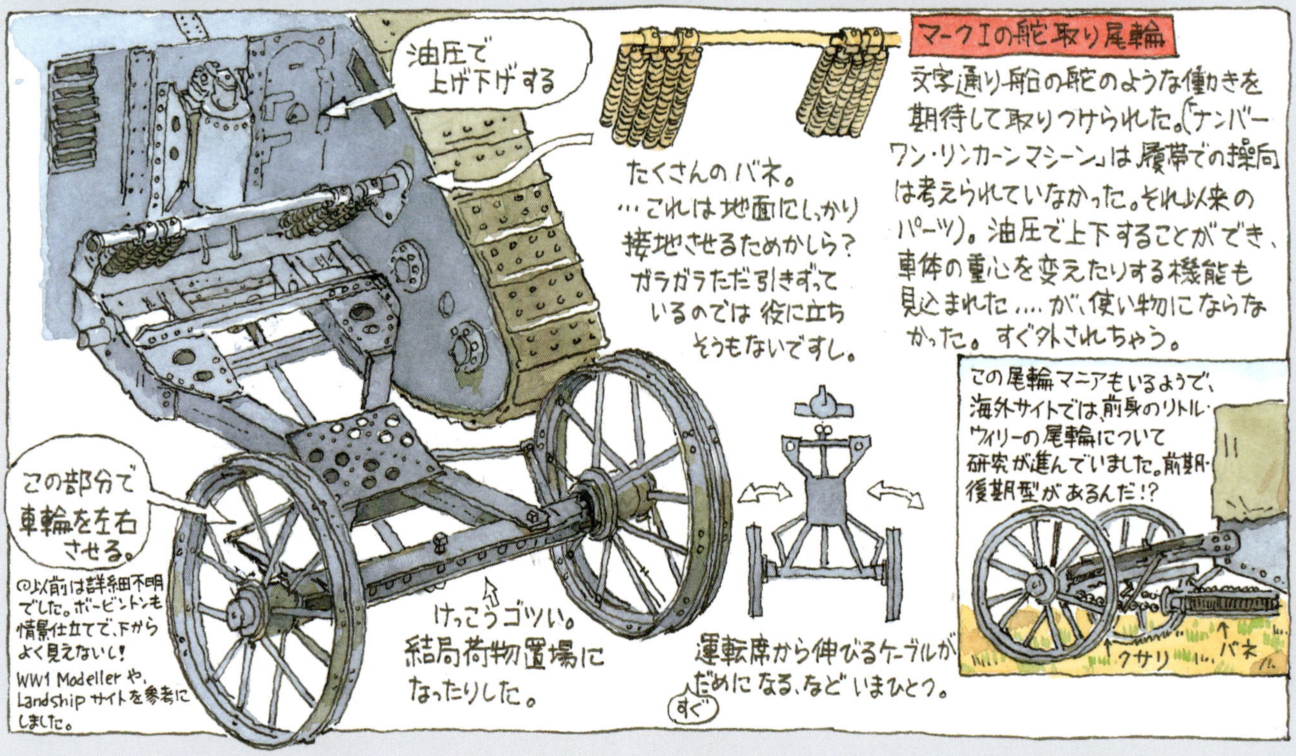
油圧で上げ下げする
たくさんのバネ。
…これは地面にしっかり接地させるためかしら? ガラガラただ引きずっているのでは役に立ちそうもないですし。
マークIの舵取り尾輪
文字通り船の舵のような働きを期待して取りつけられた。(「ナンバーワン・リンカーンマシーン」は履帯での操向は考えられていなかった。それ以来のパーツ)。油圧で上下することができ、車体の重心を変えたりする機能も見込まれた……が、使い物にならなかった。すぐ外されちゃう。
この尾輪マニアもいるようで、海外サイトでは、前身のリトル・ウィリーの尾輪について研究が進んでいました。前期・後期型があるんだ!?
クサリ
バネ
この部分で車輪を左右させる。
◎以前は詳細不明でした。ボービントンも情景仕立てで、下からよく見えないし!
WW1 Modeller や、Landship サイトを参考にしました。
けっこうゴツい。
結局荷物置場になったりした。
運転席から伸びるケーブルがすぐだめになる、などいまひとつ。

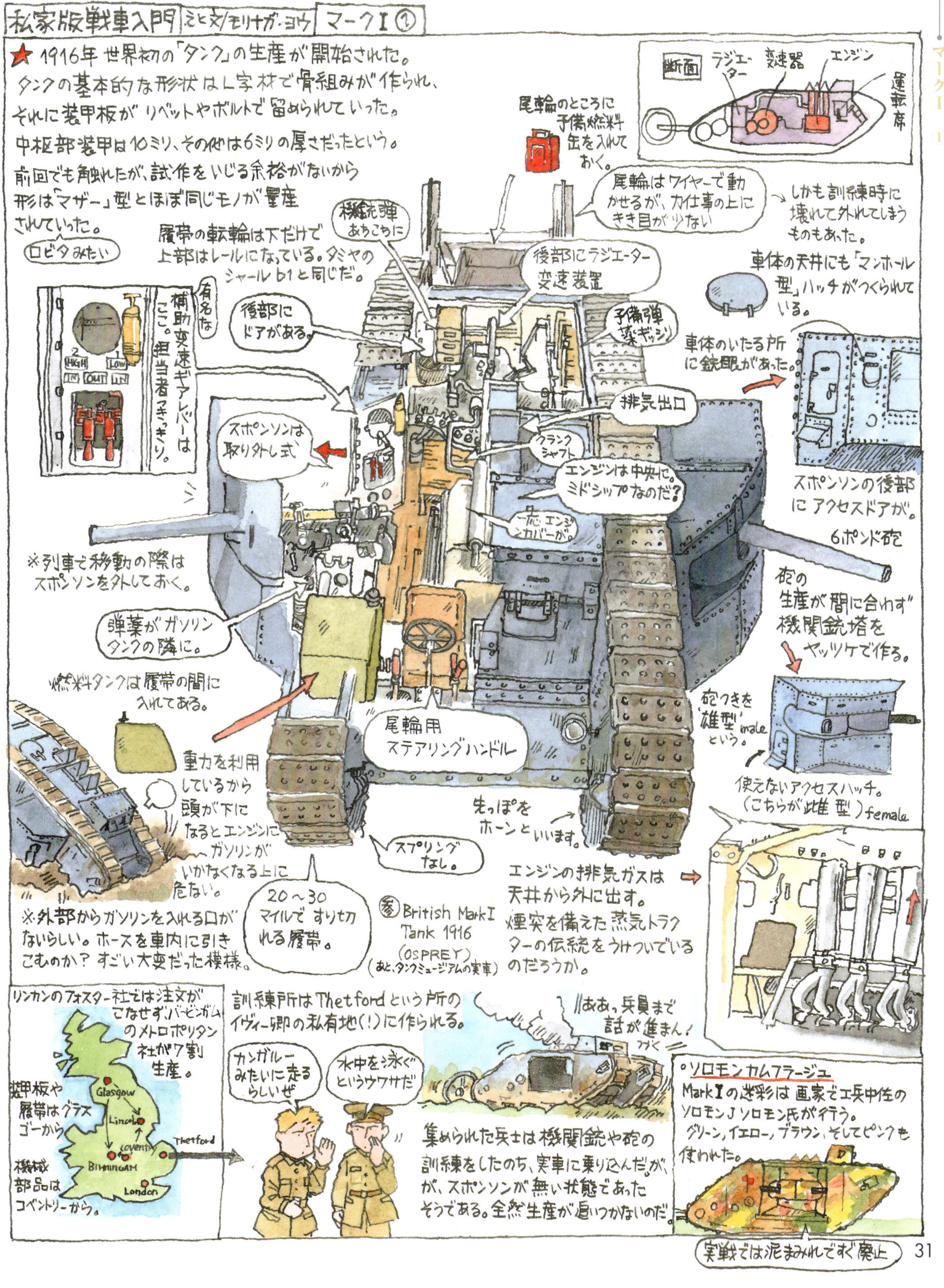
私家版戦車入門
えと文/モリナガ・ヨウ
マークI①
★1916年 世界初の「タンク」の生産が開始された。
タンクの基本的な形状はL字材で骨組みが作られ、
それに装甲板がリベットやボルトで留められていった。
中枢部装甲は10ミリ、その他は6ミリの厚さだったという。
前回でも触れたが、試作をいじる余裕がないから
形は「マザー」型とほぼ同じモノが量産
されていった。
ロビタみたい
断面
ラジエーター
変速器
エンジン
運転席
尾輪のところに予備燃料缶を入れておく。
尾輪はワイヤーで動かせるが、カ仕事の上にきき目が少ない
しかも訓練時に壊れて外れてしまうものもあった。
履帯の転輪は下だけで上部はレールになっている。タミヤのシャール B1と同じだ。
機銃弾あちこちに
後部にラジエーター変速装置
有名な補助変速ギアレバーはここ。担当者つききり。
HIGH
LOW
IN
OUT
後部にドアがある。
予備弾薬ギッシリ
車体の天井にも「マンホール型」ハッチがつくられている。
車体のいたる所に銃眼があった。
排気出口
スポンソンは取り外し式
クランクシャフト
エンジンは中央に。ミドシップなのだ?
一応エンジンカバーが。
スポンソンの後部にアクセスドアが。
6ポンド砲
※列車で移動の際はスポンソンを外しておく。
砲の生産が間に合わず機関銃塔をヤッツケで作る。
弾薬がガソリンタンクの隣に。
燃料タンクは履帯の間に入れてある。
重力を利用しているから頭が下になるとエンジンにガソリンがいかなくなる上に危ない。
尾輪用ステアリングハンドル
砲つきを「雄型」maleという。
使えないアクセスハッチ。(こちらが雌型)female
先っぽをホーンといいます。
スプリングなし。
20～30マイルですり切れる履帯。
参 British Mark I Tank 1916 (OSPREY)
(あと、タンクミュージアムの実車)
エンジンの排気ガスは天井から外に出す。煙突を備えた蒸気トラクターの伝統をうけついでいるのだろうか。
※外部からガソリンを入れる口がないらしい。ホースを車内に引きこむのか? すごい大変だった模様。
リンカンのフォスター社では注文がこなせずバーミンガムのメトロポリタン社が7割生産。
装甲板や履帯はグラスゴーから
機械部品はコベントリーから。
Glasgow
Lincoln
Coventry
BIRMINGAM
London
Thetford
訓練所はThetfordという所のイヴィー卿の私有地(!)に作られる。
ああっ兵員まで話が進まん!
つづく
カンガルーみたいに走るらしいぜ
水中を泳ぐというウワサだ
集められた兵士は機関銃や砲の訓練をしたのち、実車に乗り込んだが、が、スポンソンが無い状態であったそうである。全然生産が追いつかないのだ。
°ソロモンカムフラージュ
Mark Iの迷彩は画家で工兵中佐のソロモン J ソロモン氏が行う。グリーン、イエロー、ブラウン、そしてピンクも使われた。
実戦では泥まみれですぐ廃止

補遺コラム 10

最初の戦車兵

私家版戦車入門
え/文 モリナガ・ヨウ
マークI②
今月は史上初の戦車兵の話だ。マークIは8名の乗員を必要とした。
強化皮革のキャップ。
服は一般と同じだが、ツナギを上に着たようだ。
(将校は皮のツナギ)
エンジンにさわるとヤケドするから。汚れるし。
戦車兵ヘルメットは青く塗られていたらしい。
英軍ヘルメットはひさしがジャマで、車内では使わなかったのでは?
面鎧。当初からあったか不明。
操縦手
砲手
装てん手
「艦長」
(前)
右操舵手
左操舵手
砲手
装てん手
エンジンスタート!
せーの
「4人がかり」ということで、本当は手前にもう2人いる。
・車内のクランクシャフトを回して、エンジンがかかる。
エンドツ
操舵手はこのあたり
くりかえすが、サスペンションのたぐいはない。揺れる。
尾輪用ハンドル
エンジン室と同じだから、車内での会話は不可能だ。
スピードを上げよう!
バルロロロドドダダッダ
車内は50度Cの密室
申し訳の車内灯はあったみたい。
ガン
① スパナで壁をひっぱだき、
② 操舵手に速度を指示。
あらゆるスキマからガスがもれるエンジン。
オイルタンク
左右の操舵手 ③ はタイミングをあわせ
④ ギアが入ったら操縦手はアクセルを踏むのだ。
前進4速のうち操縦手がひとりでできるのは2速まで。
右に曲がってみよう!!
ガン!
例によってスパナで音を出し操舵手が気がついたら…
操縦手に合図をする。
操縦手がタンクを止め、右のブレーキを(艦長が)引っぱる。
HIGH
LOW
IN
OUT
右の操舵手が変速器をニュートラルに。
親指を立てて信号を送る。
このあと、右操舵手は左のスピードに合わせないといけない。
ドドオォォ
再びエンジンがうなり左の履帯だけ回り、右カーブする
オエー
これ以外にも操舵手は30分に1回グリースを注したり、エンジンの具合を見たり忙しい。
グリースいれのろうと
クラッチは操縦手の仕事だ。
ギャヒギャヒギャヒ
スポンソンの上を履帯がすべる。うるさそうだ。
砲手たちはイスがない。ずっと中腰。走りながらの射撃は不可能だ。
ドドド
エンジン
砲弾送りする操舵手
ボービントンでマークIV(?)に入ったが、やはり「船的」な空間だった。
マークI編は、まだつづけるよ。
㋲2007.

補遺コラム 11

重装甲では動かない

Flying Elephant
フライング・エレファント号（ペーパープラン）
超巨大戦車に見える。ちょっと背が高いけど。
これはマークIと同じくらいのサイズ
お腹が沈まないようにもう一組下部に着ける計画だった。
マークIをこしらえている時、ドイツ軍の火砲を防ぐには装甲板5cmくらい必要なんじゃないか？と考えられた。
けれどもそれでは100tを超え絶対に動かないのでボツになる。
薄い装甲は現実との折り合いなのであるなあ。

私家版戦車入門？ えと文・モリナガ・ヨウ マークI③
ついにタンクは戦場に向かう。移送は鉄道である。当初、武装を決めずにモックアップを作り、その後大砲をくっつけたのではみ出してしまったのだ！だから列車上ではスポンソンは取り外されている。
あと1回くらいでおわらせますから…
最後尾から乗る。で、前につめる。
シートをかけるのが本当。
初陣の地は駅のある場所が選ばれた。
いわれてみれば！
スポンソン
左右で3トン半
この時期の英国～フランス鉄道の色は？
目的地に着くと、車体の上にウマを組み立てて、スポンソンを吊り上げる。
ティーガー戦車の「輸送用履帯」どころの騒ぎではない…。
スポンソン用トレーラー
スポンソンがはまらないっす!!!
ガーン!! 移動の途中でいろいろひん曲がっていたのだ。とりつけ穴を広げたり大変な手間であった。
マークⅣくらいになるとシートも進化している様です。
いろいろ積んでいる。
弾薬のほかにも救急箱、予備の機関銃1丁、予備銃身
エンジンオイル・ギアオイルを各ドラム缶1本
グリース2，水缶3
WW1のドラム缶の史料がない!! 'drums'
ワイヤーカッター ×2
信号旗3本
色不明
旗はどこだあっ!!
また、個人装備
ヘルメット
ガスマスク
ゴーグル
雑のう
水筒
8人分である。
※これらの置き場は全く決まっていなかった。車内はグシャグシャでは？
伝書鳩もいた。
たぶんこんなカゴに。(ボービントンの展示から)
※車輌によっては後部にもう一人押しこんだ。防御係である。
訓練
約8週間で西部戦線に送りこまれました
ところで史上初の戦車兵ですが、英国本土で集められた者たちですから、全員戦場は初めてです。
現地では一応歩兵と訓練時間をとったが、要人が見物にくるので「馬鹿げた曲芸」をさせられて困ったらしいです。
ぐりぐり
何ができるのかね
将軍たち
新兵器や
どんどん壊れていく
次号、ついに戦場へ

写真コラム 2

マークⅡの ビッカース機銃

■マークⅡの「雌型」の機銃です。ビッカース機銃の水冷放熱筒と銃身を装甲板で覆っています。ここを撃たれると壊れちゃうみたいですからね。銃口の穴がすごく小さく見えます。7.7ミリ径だから実際、銃口はこんなものなんだそうです。

私家版戦車入門
えと文 モリナガ・ヨウ
マークI④
1916年9月15日、ついにタンクは戦場に現れた。ここから全ては始まったのである！長かった!!!
・戦闘計画はよく伝わっていなかった。地図は3台に一枚。戦車兵は全員戦場は初めてだ。どんな所なのだろう。
・出発地点まで来られたタンクは49台中32台。道に迷ったのもいた。何より兵士はもうクタクタだ。
49
32
・弾幕砲火で開いた通路を進む戦車も、みるみる減っていった。
スピードが出ず歩兵にもおいつけず
-9
-9
-5
いきなり9台エンコ
穴にはまり動けず。
結局ドイツ軍陣地に突入できたのは9台だった。
9
それなりの戦果は上げたが、秘密兵器のデビュにしては あまりに軽い戦果だったという。
それでも弾丸をはじくぞ!!とクルーは感動。
車内は大騒音だから艦長が目標を指示できなかったし。
当初の発注は、こんな泥田を走るはずではなかったのだ。
車内に泥が入りトップギアが使えなくなってしまう
……って どういう状況？
初陣の地を見るに、まるで月面のようであった。
FLERS
切りかぶにのり上げたらタンクのほうが曲がる↓
ぐにょ
ええっ？
穴にはまると大変なケムリが。
スポンソンが巨大すぎ、すぐつっかえてしまった。
伝書鳩もヨレヨレで、飛ばなかった。
しかしドイツ兵に与えたショックはすさまじいものだった。
その後……
年末にはタンクはみな壊れてなくなってしまったのであった……。
早くも
このころのタンクは機銃弾は耐えるものの、大砲が命中するとあっさり壊れてしまったようである。
はじめパニックをおこしたドイツ軍だったが、
デデ！
撃ったらバラバラに。戦車軽視につながる。
どん
なんだこりゃ？
タンクが活躍するのは、もう少し数が揃ってからのことである。
『西部戦線異状なし』から。
（おわりのち）
装甲タンクは初め馬鹿にされていたが、ついに大事な武器になったのである。
次回未定。Ⓜ2007.9.

ガザのマークI

ガザのマークI
1917年4月、エジプトに運ばれたマークI部隊は戦闘に参加している。5〜6台だったようだが、ほとんど破壊されてしまう。
トルコ軍は全くタンクに驚かず、すかさず砲撃してきたのだ！
のちにヤシの木や予備履帯で防御。
えー!?
ちなみに尾輪はとっくに外され、ジャッキにカバーがつけられていました。
宮 15

私家版戦車入門 2-15 マークⅠ〜Ⅲ えと文/モリナガ・ヨウ
今号からイギリス戦車編に戻る。物語は再び1916年のタンク初陣へ——。
定番の構図だが、マークⅠはエンジンの炎がそのまま吹き上げられたらしい。霧の中、火を吹きながら見たこともないメカがやってくるという黙示録的風景が展開した訳だ。…そりゃパニックになりますね。
・とはいえネタが割れると目立ってしょうがない。
ゴドドド
赤熱するバッフル(吹き出し口カバー?)に泥を塗ってごまかそうとしたりした。
さて 英陸軍は1000台のタンク増産計画をたてた。これは1台8人乗り×1000だから8000人の乗員養成を意味する。その訓練用に100台作られたのがマークⅡ、マークⅢである。同時に、様々な改良実験も行われた。訓練用戦車だから、焼き入れ強化されてない鉄板でできている。
装甲板じゃない
舵取り尾輪廃止
後部に視察塔が新設される。
はじめの50台がⅡ、のこりがⅢ
Mark Ⅰ
リベット等間隔
前から見たところ。
Mark Ⅱ
リベットが詰まっている
へり
基本的に造りは同じ。履帯幅拡大を予定していたから、その分運転席の幅が狭い。
長い砲身も短くするつもり。
Mark Ⅲ
大きな違いは機銃の変更だ。かさばるヴィッカース銃から、台座の小さいルイス銃へ。
のぞき穴の位置が
ボールマウントに。
へりが強化される
履帯アタッチメント
演習場でひたすら泥から脱出する訓練に使われる。
細かな違いがあるんですよ
いままでのは「犬小屋のドア」のようだった。
機銃の変更により、設計の自由度が上がり、スポンソンの下部脱出ハッチが大型化できた。
…が、訓練用だったのに戦車不足のためマークⅡの半分は実戦場に送られたそうです。
えー!?

写真コラム 3

マークIIの貼視孔と牽引ホールド

■これはマークIIの写真です。上は鉄板を切り、鉄棒を溶接して作ったフックホールド。手作り感にあふれていますね。第一次大戦中の戦車はいたるところこんな造りです。左の写真で注目して欲しいのは上辺のリベットの間隔が詰まっていること。これがマークIIの特徴です。その下にある貼視孔の蓋は二重になっています。この写真では外側の蓋が水平に持ち上げられた状態で写っているので、その縁が線状にしか見えていないので見えにくくなっています。1㎝の鉄板というのも、充分に迫力がありました。

第4章
実戦の試練を受け、四代目は本格派に

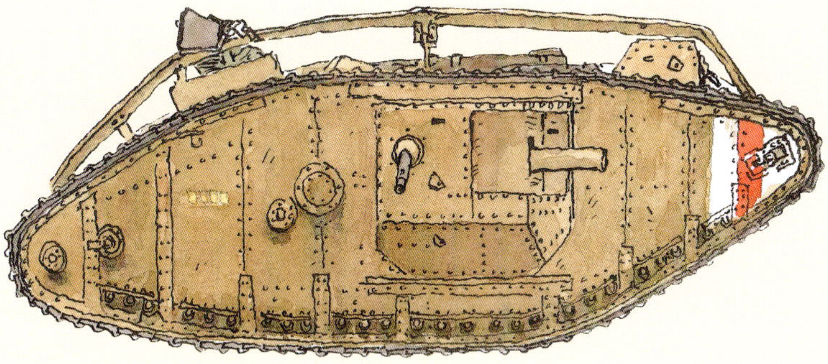

マークⅣ戦車
泥の中のタンク
対戦車事始め
整備マニュアルから
武装と操縦席・「両性具有型」
おたまじゃくしタンク
カンブレーの戦い

初めて大量投入された戦車

初めて戦訓をもとに作られた戦車がこのマークIVです。ひし形戦車も、マークIから始まって、マークII、マークIIIと改良を重ねた末、マークIV戦車にいたり、かなり実用的になりました。

しかし改良されたとはいえ、相変わらず、現在の乗り物とは比べようもない不便な使い勝手で、乗って戦っていた兵隊たちに、まだまだ例えようもない苦労を強いる戦車でした。

また戦車の誕生と同時に、対戦車兵器も誕生しました。当初は野砲で撃っていたようですが、戦車の改良が進むのと歩調を合わせて、ドイツ軍による対抗手段も進歩してゆき、英国戦車兵の苦難はさらに続いて行きました。

この章ではそんなマークIV戦車の改良点と、未だにつづく運営上、実戦場での困った出来事を細々と描いて行きます。

●マークIV戦車

重量28トン(雄型)、27トン(雌型)、乗員８名、6ポンド砲×２門＋機関銃４挺(雄型)、機関銃5挺(雌型)、装甲厚6から12ミリ、ダイムラーフォスター製ガソリンエンジン105馬力、速度5.95キロ/時、長さ8047ミリ、幅3200(雄型)、4368ミリ(雌型)、高さ2438ミリ

●初出

マークⅣ①
月刊アーマーモデリング誌　2013年1月号

マークⅣ②
月刊アーマーモデリング誌　2013年2月号

対戦車事始め
月刊アーマーモデリング誌　2015年4月号

マークⅣ③
月刊アーマーモデリング誌　2013年3月号

マークⅣ④
月刊アーマーモデリング誌　2013年4月号

マークⅣ⑤
月刊アーマーモデリング誌　2013年5月号

タミヤがマークⅣを?
月刊アーマーモデリング誌　2014年6月号

マークⅣ補遺など
月刊アーマーモデリング誌　2015年2月号

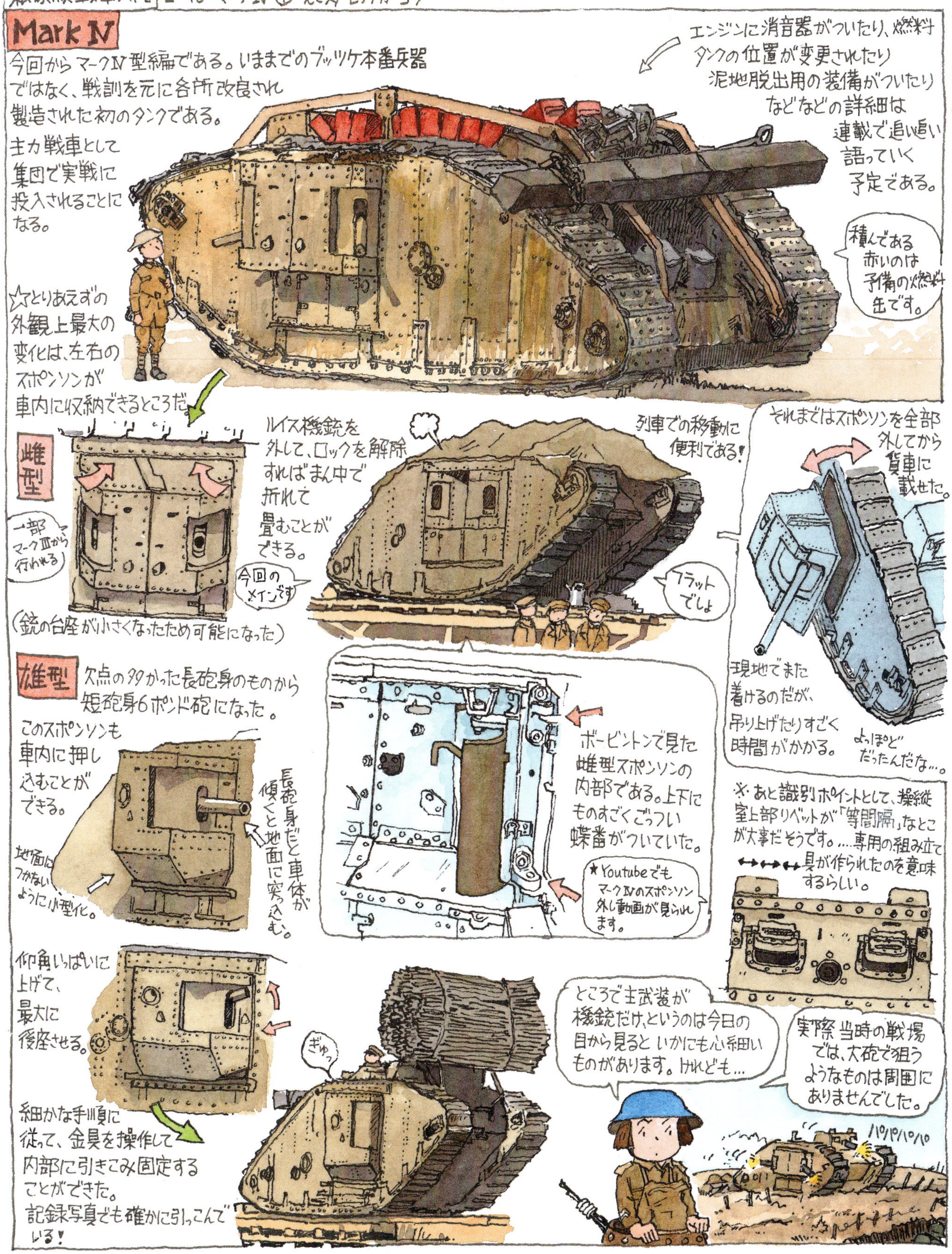
Mark Ⅳ
今回からマークⅣ型編である。いままでのブッツケ本番兵器ではなく、戦訓を元に各所改良され製造された初のタンクである。
主力戦車として集団で実戦に投入されることになる。
☆とりあえずの外観上最大の変化は、左右のスポンソンが車内に収納できるところだ。
エンジンに消音器がついたり、燃料タンクの位置が変更されたり泥地脱出用の装備がついたりなどなどの詳細は連載で追い追い語っていく予定である。
積んである赤いのは予備の燃料缶です。
雌型
一部マークⅢから行われる
(銃の台座が小さくなったため可能になった)
ルイス機銃を外して、ロックを解除すればまん中で折れて畳むことができる。
今回のメインです
列車での移動に便利である!
フラットでしょ
それまではスポンソンを全部外してから貨車に載せた。
現地でまた着けるのだが、吊り上げたりすごく時間がかかる。
よっぽどだったんだな…。
雄型
欠点の多かった長砲身のものから短砲身6ポンド砲になった。
このスポンソンも車内に押し込むことができる。
長砲身だと車体が傾くと地面に突っ込む。
地面につかないように小型化。
ボービントンで見た雌型スポンソンの内部である。上下にものすごくごつい蝶番がついていた。
★Youtubeでもマークⅳのスポンソン外し動画が見られます。
※あと識別ポイントとして、操縦室上部リベットが「等間隔」なとこが大事だそうです。…専用の組み立て具が作られたのを意味するらしい。
仰角いっぱいに上げて、最大に後座させる。
細かな手順に従って、金具を操作して内部に引きこみ固定することができた。
記録写真でも確かに引っこんでいる!
ぎゅっ
ところで主武装が機銃だけ、というのは今日の目から見るといかにも心細いものがあります。けれども…
実際当時の戦場では、大砲で狙うようなものは周囲にありませんでした。
パパパパパ

写真コラム 4

タンク情景女神つき

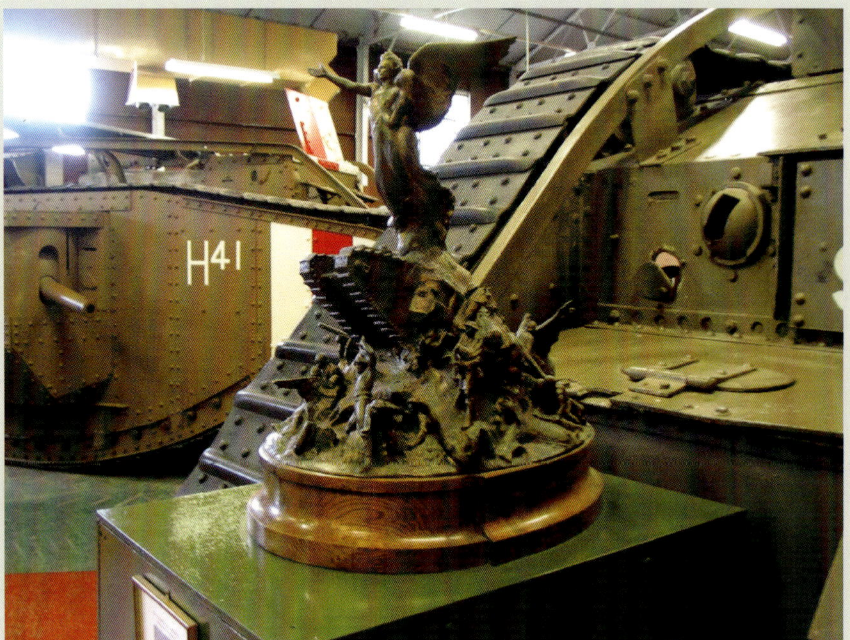

■何か由緒あるオブジェなのですが、よくわかりません。「塹壕の上からのしかかってくる菱形戦車」という定番のイメージです。後ろに見える戦車はマークⅣの後継車マークⅤ。

私家版戦車入門 2-17 マークⅣ② えと文/モリナガ・ヨウ

イギリス軍の戦う地域はイープルなどの、入り組んだ塹壕だけでない泥々の場所だったことは忘れてはならない。
泥から脱出する
戦車兵には個人装備としてピストルが支給されたが
ピストルの操作も覚える。
ハトの世話知識も必修だったらしい。
ぐぐー
戦車将校には将校杖のほかトネリコの長い杖が渡された。
これは戦車が走れる地面かどうか調べるのに使われた。
それ以前はこんなのもあった。
THE ASH PLANT STICK
ストラップは想像
耐圧を調べる。
つけ根まで入ると0.7kg/平方インチ
ずぶ
○泥地脱出用の角材も装備される。普段はレールの上に乗っていて、履帯にくくりつけ脱出する。
オーク材 508kg
レールは運転席などを避けるため
横木の着脱は自動でできる訳もなく、2人の乗組員が車外に出て行うのであった。
ごだん
履帯に装着する「金属あぶみ」
ここをはさみこむ。
※フランス戦車はあまり泥地脱出装置の話が出てこない。地面が固かったのかなあ。
『劇画ティーガーフェーベル』と同じ理屈ですね。
うわーん
使い捨てじゃない。脱出したらまた上にあげておく。
装甲について
有効射程90m
…90メートル?
T-gewehr ant-tank rifle
ものすごい反動で、部隊では使いたがらなかったそうです。
ドイツ軍はK弾を使った対戦車銃で待ちかまえていた。マークⅠ～Ⅲは装甲板じゃなかったから充分いけると思っていた。
ズカ
古典表現
カーン
マークⅣは装甲化されていたので、何とかしのいだようです。
追記)菱型戦車は中東にも派遣されている。全く違う戦場だったろう。
こりゃまた別の物語だね

補遺コラム 13

戦場は穴だらけ

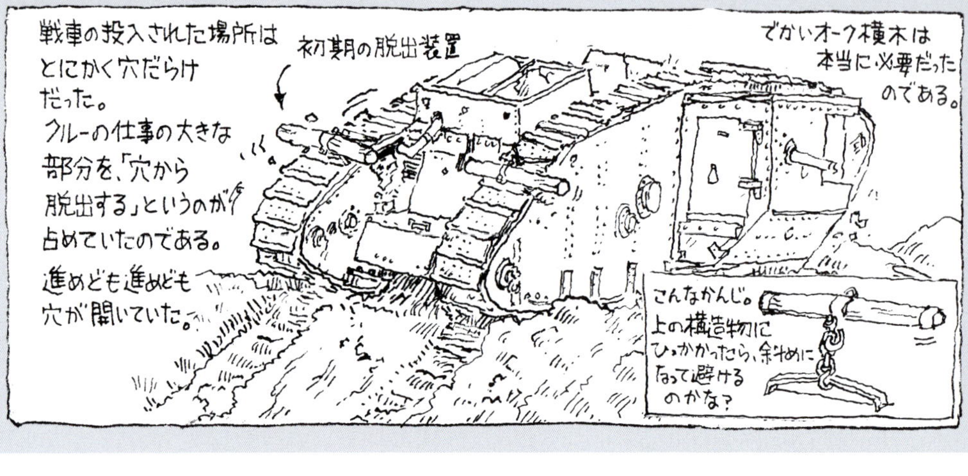

戦車の投入された場所はとにかく穴だらけだった。
クルーの仕事の大きな部分を、「穴から脱出する」というのが占めていたのである。
進めども進めども穴が開いていた。
初期の脱出装置
でかいオーク横木は本当に必要だったのである。
こんなかんじ。
上の構造物にひっかかったら、斜めになって避けるのかな？

私家版戦車入門 2-32 対戦車事始め えと文/モリナガ・ヨウ

参『対戦車戦』原書房(1980)…文字でしかわからなかった物が、インターネットの発達で見ることができるというのは感慨深いものがあります。

写真コラム 5

英国ボービントンのタンク博物館

■英国、ボービントンにある「ザ・タンク・ミュージアム」の正面入り口。入り口を入ると、縦に二つに切断され、内部がよく見えるひし形戦車が展示されています。世界に戦車の博物館はたくさんありますが「タンク博物館」と言えるのはここだけ、と、いう由緒正しい博物館です。本書に掲載されている写真は、すべてここで2003年の夏に筆者が撮影しました。

私家版戦車入門 2-18 マークⅣ③ えと文/モリナガ・ヨウ

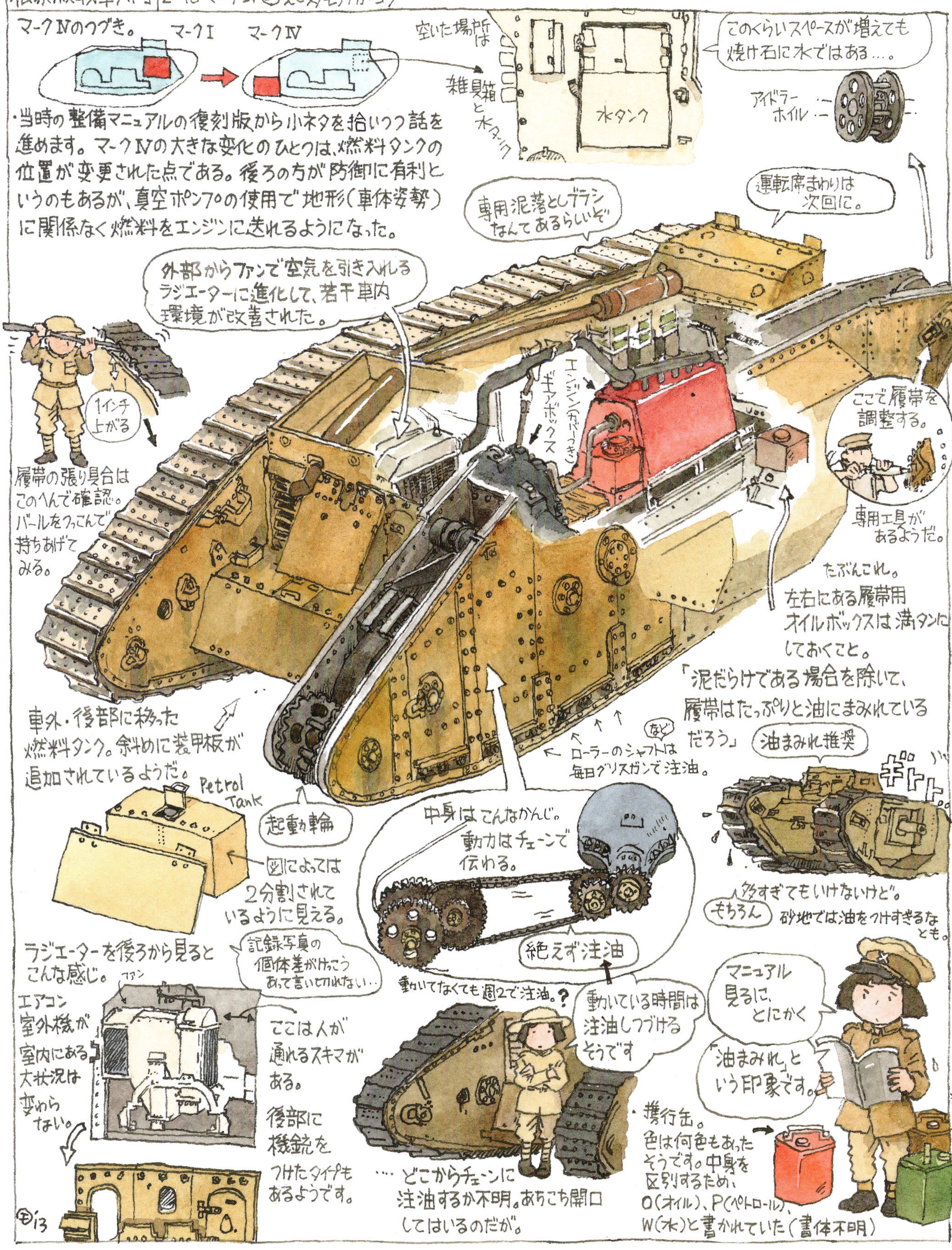

SPECIAL THANKS：いたろ様.

補遺コラム 14

整備マニュアルから〜何をするにもグリスまみれ

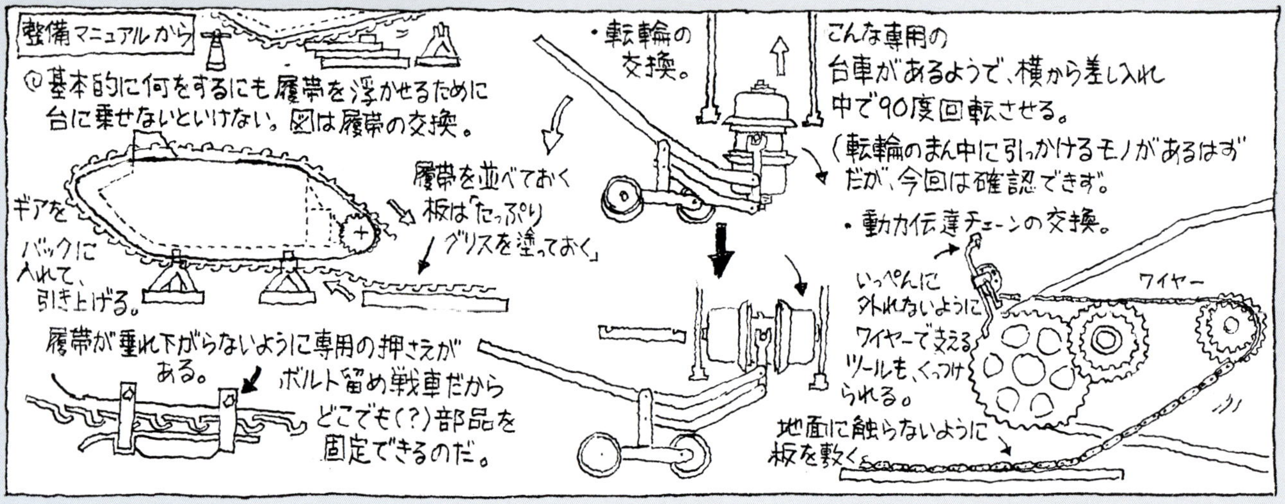

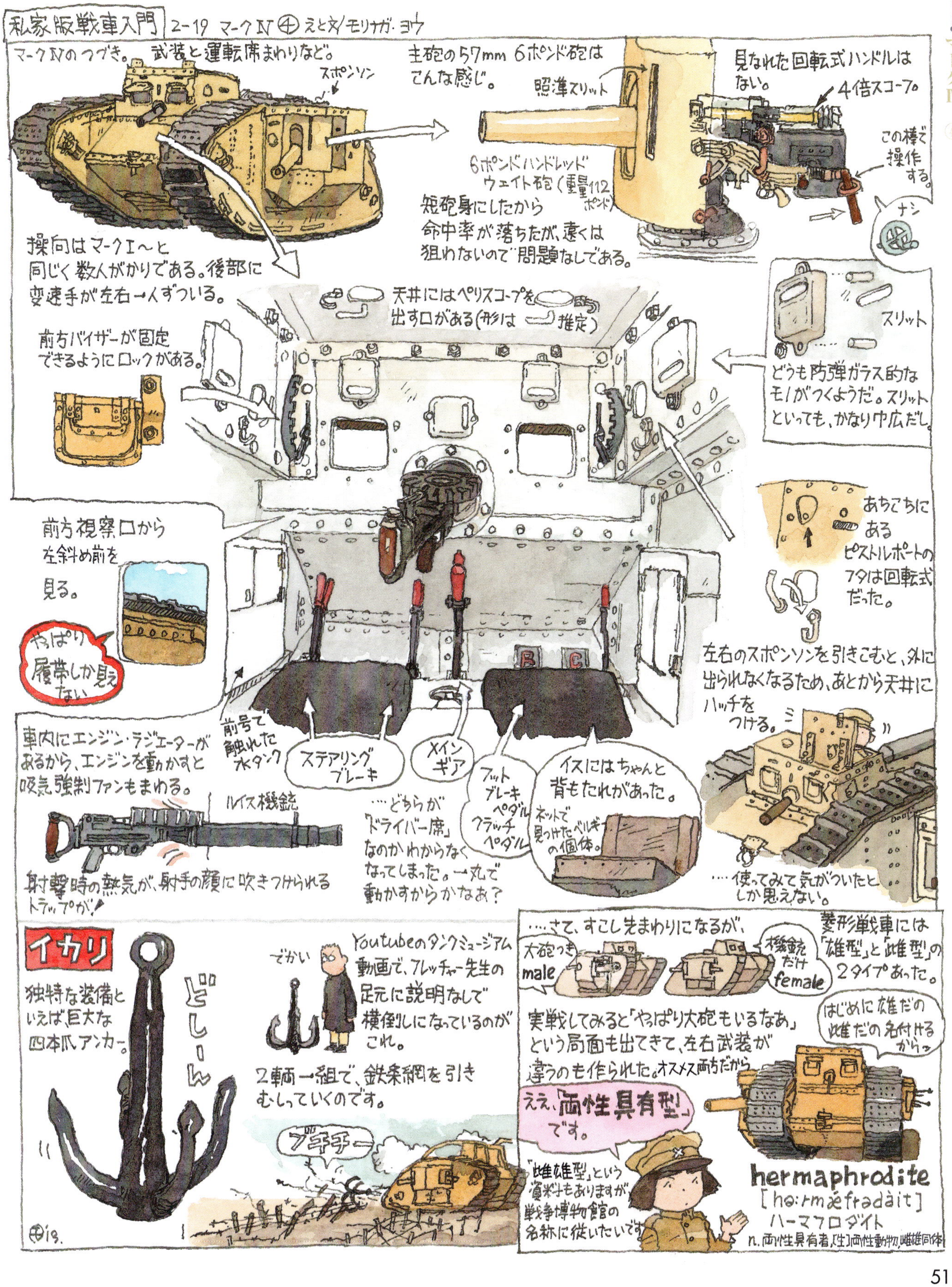

私家版戦車入門 2-19 マークⅣ④ えと文/モリナガ・ヨウ
マークⅣのつづき。武装と運転席まわりなど。
スポンソン
主砲の57mm 6ポンド砲はこんな感じ。
照準スリット
6ポンドハンドレッドウェイト砲(重量112ポンド)
短砲身にしたから命中率が落ちたが、遠くは狙わないので問題なしである。
見なれた回転式ハンドルはない。
4倍スコープ。
この棒で操作する。
ナシ
操向はマークⅠ～と同じく数人がかりである。後部に変速手が左右一人ずついる。
天井にはペリスコープを出す口がある(形は推定)
前方バイザーが固定できるようにロックがある。
スリット
どうも防弾ガラス的なモノがつくようだ。スリットといっても、かなり巾広だし。
前方視察口から左斜め前を見る。
やっぱり履帯しか見えない
あちこちにあるピストルポートのフタは回転式だった。
左右のスポンソンを引きこむと、外に出られなくなるため、あとから天井にハッチをつける。
車内にエンジン・ラジエーターがあるから、エンジンを動かすと吸気強制ファンもまわる。
前号で触れた水タンク
ステアリングブレーキ
メインギア
フットブレーキペダル
クラッチペダル
イスにはちゃんと背もたれがあった。
ネットで見つけたベルギーの個体。
ルイス機銃
射撃時の熱気が、射手の顔に吹きつけられるトラップが!
…どちらが「ドライバー席」なのかわからなくなってしまった。一丸で動かすからかなあ?
…使ってみて気がついたとしか思えない。
イカリ
独特な装備といえば巨大な四本爪アンカー。
どーん
でかい
Youtubeのタンクミュージアム動画で、フレッチャー先生の足元に説明なしで横倒しになっているのがこれ。
2輌一組で、鉄条網を引きむしっていくのです。
ブチチー
…さて、すこし先まわりになるが、
菱形戦車には「雄型」と「雌型」の2タイプあった。
大砲つき male
機銃だけ female
実戦してみると「やっぱり大砲もいるなあ」という局面も出てきて、左右武装が違うのも作られた。オスメス両方だから
はじめに雄だの雌だの名付けるから
ええ、「両性具有型」です。
「雌雄型」という資料もありますが戦争博物館の名称に従いたいです
hermaphrodite
[hə:rmǽfrədàit]
ハーマフロダイト
n. 両性具有者、[生]両性動物、雌雄同体

車体（ハル）に番号を書く

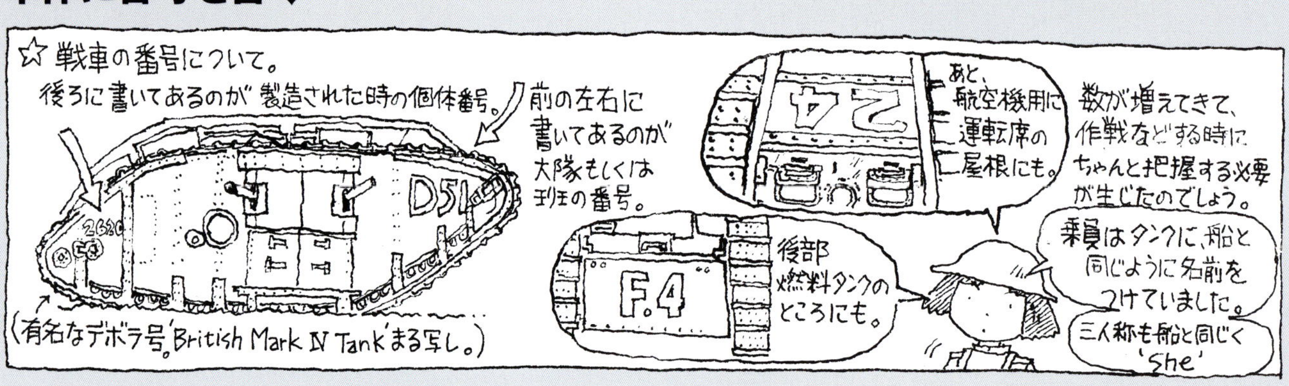
☆ 戦車の番号について。
後ろに書いてあるのが製造された時の個体番号。
前の左右に書いてあるのが大隊もしくは班の番号。
D51
2620
（有名なデボラ号。'British Mark Ⅳ Tank'まる写し。）
F.4
後部燃料タンクのところにも。
あと、航空機用に運転席の屋根にも。
数が増えてきて、作戦などする時にちゃんと把握する必要が生じたのでしょう。
乗員はタンクに、船と同じように名前をつけていました。
三人称も船と同じく'She'

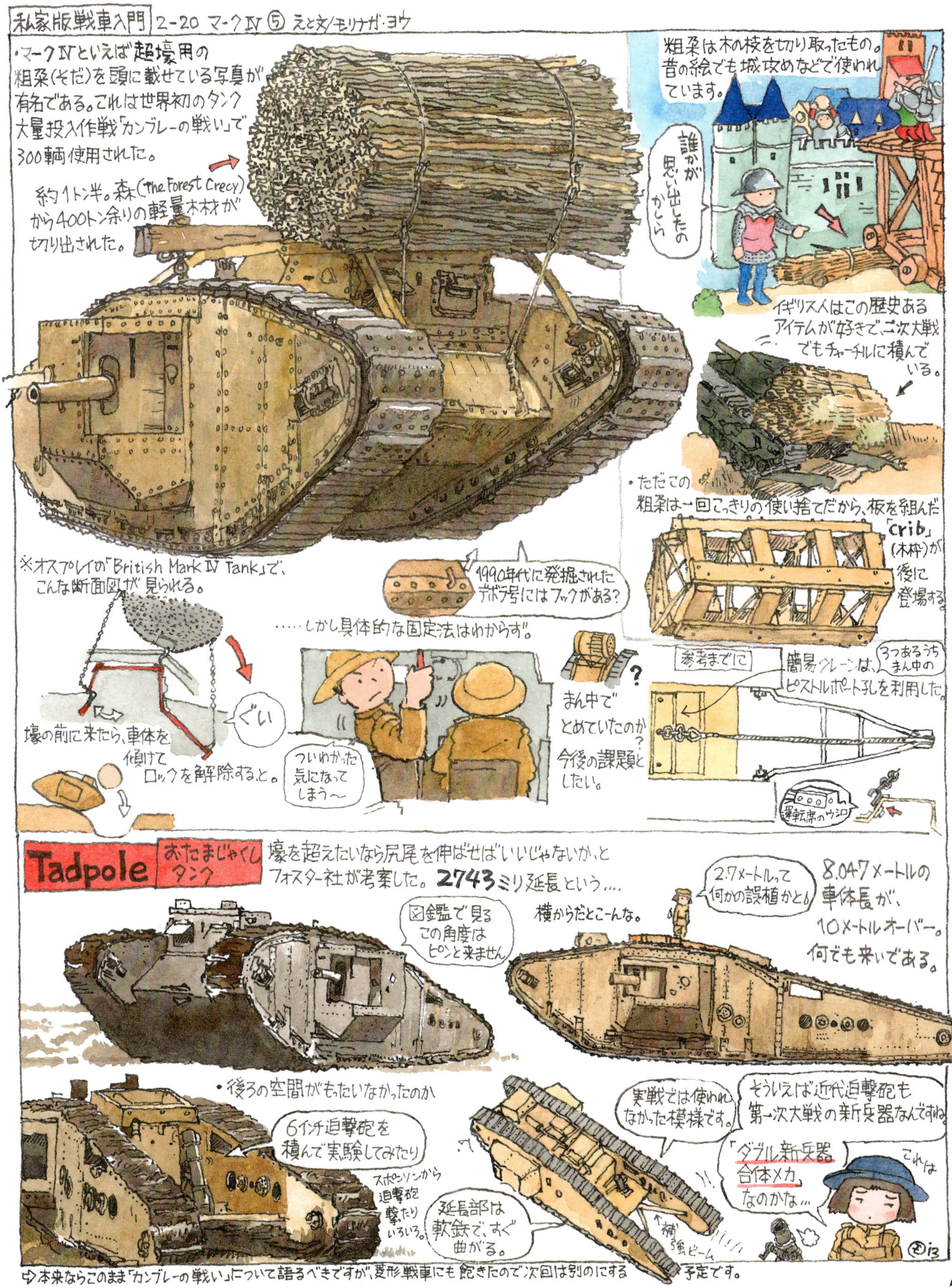
私家版戦車入門 2-20 マークⅣ ⑤ えと文/モリナガ・ヨウ
・マークⅣといえば超壕用の粗朶(そだ)を頭に載せている写真が有名である。これは世界初のタンク大量投入作戦「カンブレーの戦い」で300輌使用された。
約1トン半。森(the Forest Crecy)から400トン余りの軽量木材が切り出された。
粗朶は木の枝を切り取ったもの。昔の絵でも城攻めなどで使われています。
誰かが思い出したのかしら
イギリス人はこの歴史あるアイテムが好きで、二次大戦でもチャーチルに積んでいる。
・ただこの粗朶は一回こっきりの使い捨てだから、板を組んだ「crib」(木枠)が後に登場する。
※オスプレイの「British Mark Ⅳ Tank」で、こんな断面図が見られる。
壕の前に来たら、車体を傾けてロックを解除すると。
ぐい
1990年代に発掘されたデボラ号にはフックがある?
……しかし具体的な固定法はわからず。
ついわかった気になってしまう〜
まん中でとめていたのか?
今後の課題としたい。
参考までに
簡易クレーンは、3つあるうちまん中のピストルポート孔を利用した。
運転席のウシロ
Tadpole おたまじゃくしタンク
壕を超えたいなら尻尾を伸ばせばいいじゃないか、とフォスター社が考案した。2743ミリ延長という….
図鑑で見るこの角度はピンと来ません
横からだとこーんな。
2.7メートルって何かの誤植かと。
8.047メートルの車体長が、10メートルオーバー。何でも来いである。
・後ろの空間がもったいなかったのか
6インチ迫撃砲を積んで実験してみたり
スポンソンから迫撃砲撃ったりいろいろ。
延長部は軟鉄で、すぐ曲がる。
補強ビーム
実戦では使われなかった模様です。
そういえば近代迫撃砲も第一次大戦の新兵器なんですね。
これは「ダブル新兵器合体メカ」なのかな…
⑬

⇨本来ならこのまま「カンブレーの戦い」について語るべきですが、菱形戦車にも飽きたので次回は別のにする予定です。

補遺コラム 16

鉄道なので荷物運びは得意かもしれない

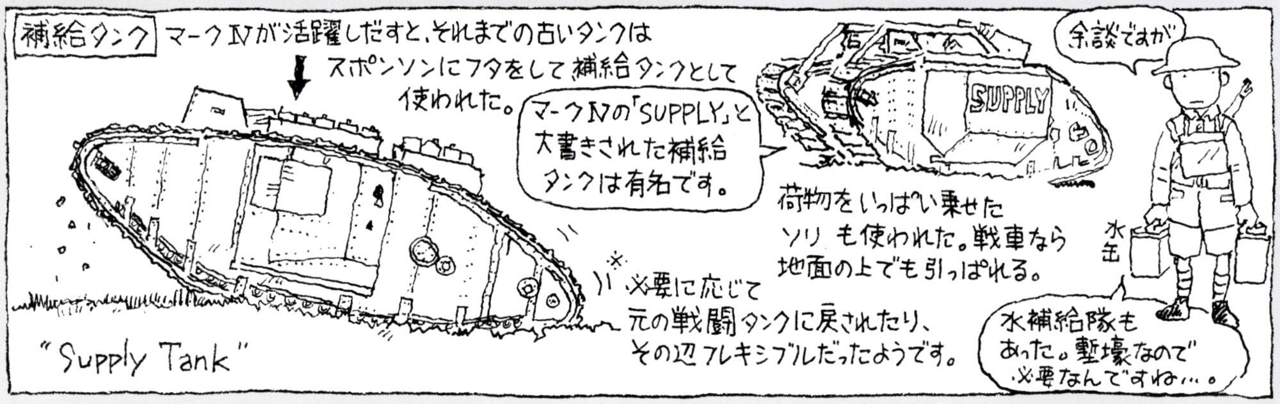

補給タンク
マークⅣが活躍しだすと、それまでの古いタンクはスポンソンにフタをして補給タンクとして使われた。
マークⅣの「SUPPLY」と大書きされた補給タンクは有名です。
SUPPLY
※必要に応じて元の戦闘タンクに戻されたり、その辺フレキシブルだったようです。
"Supply Tank"
荷物をいっぱい乗せたソリも使われた。戦車なら地面の上でも引っぱれる。
余談ですが
水缶
水補給隊もあった。塹壕なので必要なんですね…。

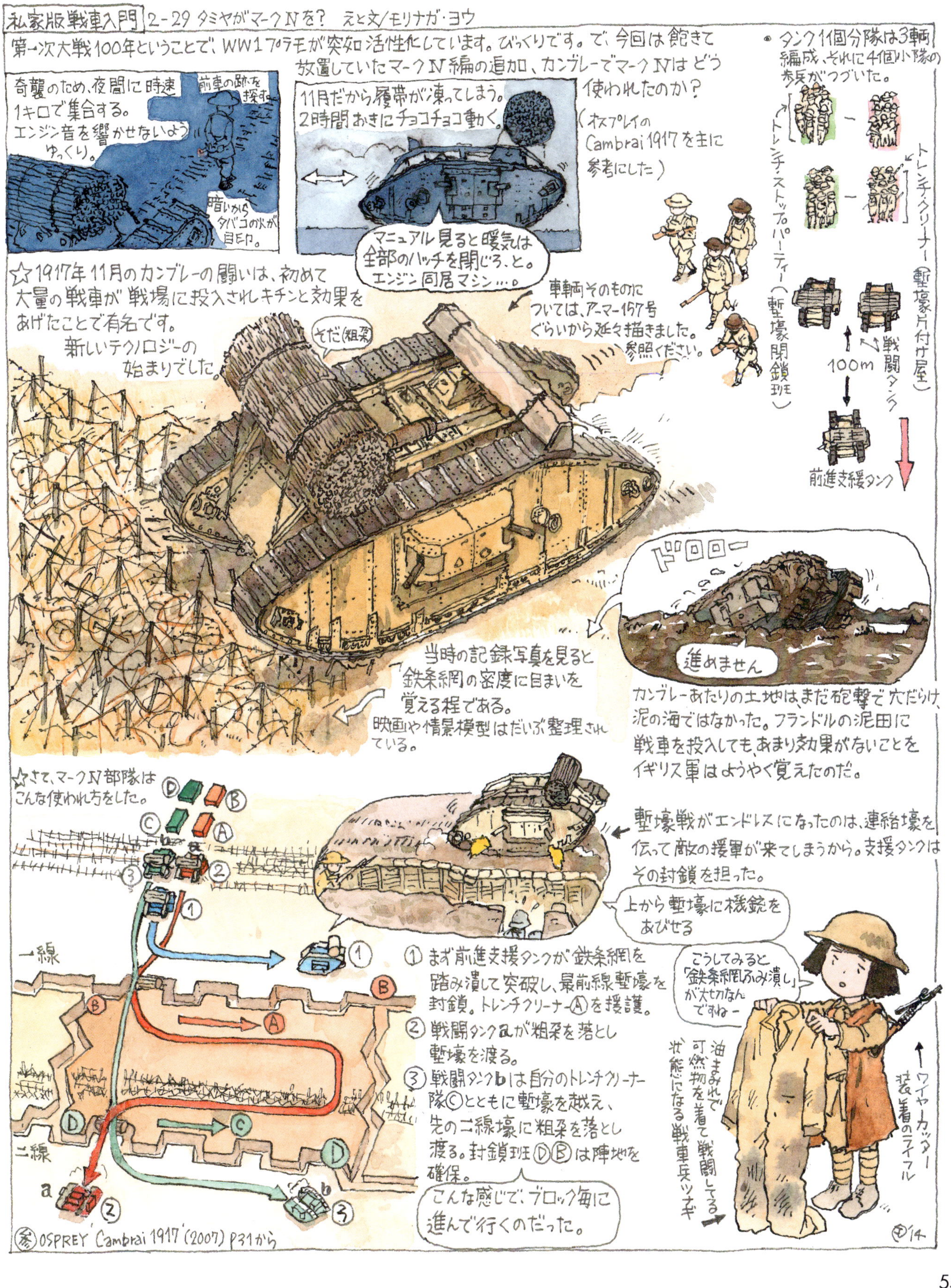
私家版戦車入門 2-29 タミヤがマークⅣを？ えと文/モリナガ・ヨウ
第一次大戦100年ということで、WW1プラモが突如活性化しています。びっくりです。で、今回は飽きて放置していたマークⅣ編の追加、カンブレーでマークⅣはどう使われたのか？
（オスプレイのCambrai 1917を主に参考にした）
奇襲のため、夜間に時速1キロで集合する。エンジン音を響かせないようゆっくり。
前車の跡を探す。
暗いからタバコの火が目印。
11月だから履帯が凍ってしまう。2時間おきにチョコチョコ動く。
マニュアル見ると暖気は全部のハッチを閉じろ、と。エンジン同居マシン…。
☆1917年11月のカンブレーの闘いは、初めて大量の戦車が戦場に投入されキチンと効果をあげたことで有名です。
新しいテクノロジーの始まりでした。
そだ(粗朶)
車輌そのものについては、アーマー157号ぐらいから延々描きました。参照ください。
・タンク1個分隊は3輌編成、それに4個小隊の歩兵がつづいた。
トレンチ・ストップ・パーティー（塹壕閉鎖班）
トレンチ・クリーナー（塹壕片付け屋）
戦闘タンク
100m
前進支援タンク
ドロロロー
進めません
当時の記録写真を見ると鉄条網の密度に目まいを覚える程である。
映画や情景模型はだいぶ整理されている。
カンブレーあたりの土地は、まだ砲撃で穴だらけ、泥の海ではなかった。フランドルの泥田に戦車を投入しても、あまり効果がないことをイギリス軍はようやく覚えたのだ。
☆さて、マークⅣ部隊はこんな使われ方をした。
Ⓓ Ⓑ Ⓒ Ⓐ
③ ② ①
一線
二線
a ② b ③
塹壕戦がエンドレスになったのは、連絡壕を伝って敵の援軍が来てしまうから。支援タンクはその封鎖を担った。
上から塹壕に機銃をあびせる
① まず前進支援タンクが鉄条網を踏み潰して突破し、最前線塹壕を封鎖。トレンチクリーナーⒶを援護。
② 戦闘タンクaが粗朶を落とし塹壕を渡る。
③ 戦闘タンクbは自分のトレンチクリーナー隊Ⓒとともに塹壕を越え、先の二線壕に粗朶を落とし渡る。封鎖班ⒹⒷは陣地を確保。
こんな感じで、ブロック毎に進んで行くのだった。
こうしてみると「鉄条網ふみ潰し」が大切なんですねー
油まみれで可燃物を着て戦闘してる状態になる戦車兵ツナギ
ワイヤーカッター装着のライフル
㊥'14
㊫OSPREY 'Cambrai 1917'(2007) P31から

月の砂漠の戦車戦

1917年秋のガザ戦闘は月光の下で行われたそうです。おお！ 月の砂漠
このころはの戦車の近くにいると、砲撃のまきぞえを喰らうことを歩兵たちは覚えた。
(月の位置などテキトウ)
戦闘前の打ち合わせなどうまいこといったが、戦車たちはエンコしたり積んでいた荷物が火事になったりなどまるで役に立たず。
ひたすら荷物運びメカとして使われた模様。砂漠にでかい無限軌道車は重宝した。

私家版戦車入門 2-30 マークⅣ補遺など。えと文/モリナガ・ヨウ
ドイツ兵は、砲撃などでタンクの装甲板に穴が開くと、その開口部に集中攻撃をしてきたそうだ。
わー!
その後の戦車のイメージと何かと異なります。
毒ガス中和用の石灰(余談)
装甲板に囲まれているとはいえ、やはり大変にもろいものだった。これは中東戦線でのマークⅣ、履帯による増加装甲のはじまり。…なんでも「はじまり」なところがWW1タンクである。
どうも始めのうちは、言葉は悪いが色物的に一回こっきり使いきり武器という認識だったらしい。すぐ壊れるし。
マークⅠ
参 MARK Ⅳ vs A7V (OSPREY 2013)
英仏ともによく見る塗装による「にせバイザー」
その数が増えてくると意味あいも変わり、修理や回収部隊も作られるようになる。
回収不能なので前線で解体する危険作業は「チャイニーズ・レイバー中隊」(Chinese Labour Company)が駆り出される。
中国人労働者!
世界大戦ですねえ
この中国人部隊はまた別の物語であるが…。帝国戦争博物館サイトなどで、いろいろ画像が見られる。
戦車の洗車の貴重写真とか。
☆
また、どうやって車外とコミュニケーションを取ったかも気になるところではある。車内と同じように叩いて音を出す、というのも行われた。
ゴン
ゴーン
無線タンクも作られた。
もちろん伝令や、昼光ランプによるモールス信号も使われました。
伝書鳩は夜になると寝ぐらに帰っちゃうので、夕方以降は使えない。
グルー
詳細不明
個体によるとリアに尾灯っぽいモノが見えるがよくわからない。
タンク間の連絡には、手旗や「3色のプレートを棒の先につけた物」が使用された。組み合わせより39通りの意味が伝えられたようである。
プレートの組み合わせは、トランプ様の紙に印刷され配られました。同じものは歩兵にもわたされたそうです。
歩兵からの連絡の例。
「ここに負傷者がいるから踏まないで」← 切実
モ '14 '15

異形タンク

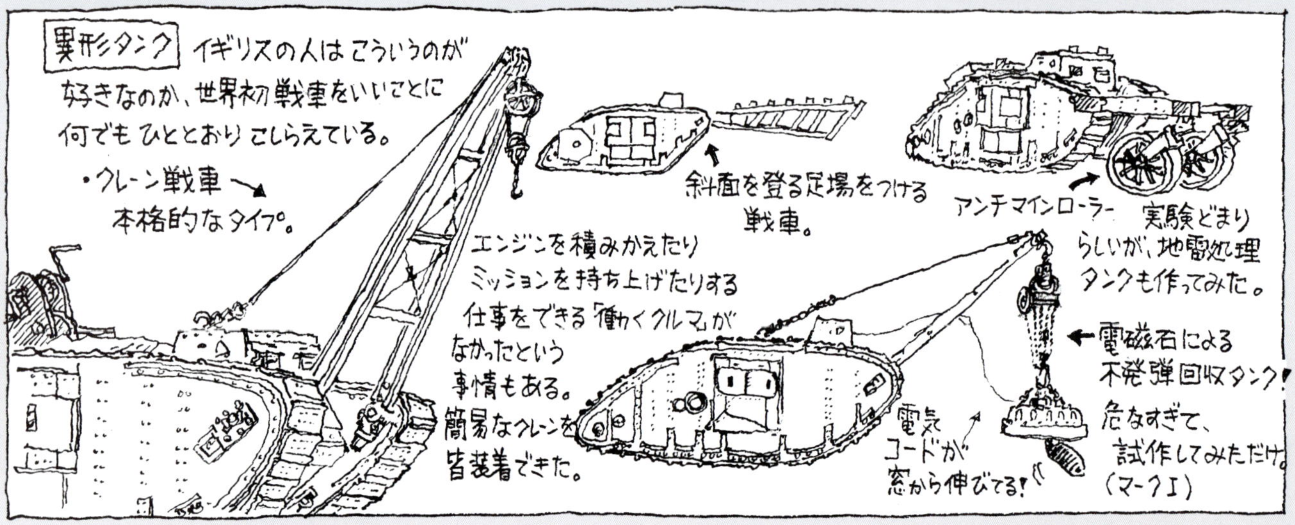
異形タンク
イギリスの人はこういうのが好きなのか、世界初戦車をいいことに何でもひととおりこしらえている。
・クレーン戦車
本格的なタイプ。
斜面を登る足場をつける戦車。
アンチマインローラー
実験どまりらしいが、地雷処理タンクも作ってみた。
エンジンを積みかえたりミッションを持ち上げたりする仕事をできる「働くクルマ」がなかったという事情もある。
簡易なクレーンを皆装着できた。
電気コードが窓から伸びてる!
電磁石による不発弾回収タンク!
危なすぎて、試作してみただけ。
(マークI)

第5章
速さは歩きの二倍、しかも一人で操縦

マークAホイペット
ホイペット内部図解
ミュージックボックス号
'トリットンチェイサー'
ホイペットその後

今の自動車の感覚では考えられない厄介さ

鈍重なマークⅣより、もっと軽快に走れる戦車を作ろう。そしてできたのが、このホイペットでした。

時速もおよそ倍。しかもマークⅣは四人がかりでなければ操縦できなかったのに、ホイペットは一人で操縦することできました。何と言う進歩でしょう。全周の「でか車輪」的履帯を半分にして、普通のトラクターに近い形になってます。

ホイペットの戦闘室は最初、運転席と砲塔が分かれているスマートな形でしたが、試作してみたら乗員同士の意思疎通が不可能でした。また機関銃であちこち撃てるようにするため横に拡大されています。この不細工さが、いかにもイギリス的じゃないか、しびれる、と、いうのが筆者の感想です。この戦車は、仕切りのないひと部屋で射手と操縦手がワーワーやらないとダメだったんです。

こういった経緯を知ると、この時点からは未来の二人乗り戦車、第二次大戦初頭に活躍したドイツのI号戦車。II号戦車などが画期的だったことがわかります。これらの戦車が備えていた車内通話装置がなければ、ホイペットの最初のアイディアは実現できなかったのです。

ホイペットは、マークⅣよりも進歩したとはいえ、とても今の乗用車のようには扱えない、苦労の絶えない乗り物でした。

●マークA中戦車ホイペット
重量14トン、乗員３名、機関銃３挺または４挺、装甲厚5から14ミリ、タイラーエンジン90馬力２基、速度13.3キロ/時、長さ6096ミリ、幅2615ミリ、高さ2743ミリ

●初出
マークAホイペット①
月刊アーマーモデリング誌　2013年6月号

マークAホイペット②
月刊アーマーモデリング誌　2013年7月号

マークAホイペット③
月刊アーマーモデリング誌　2013年9月号

ホイペットコネタ
月刊アーマーモデリング誌　2016年1月号

ホイペットその後
月刊アーマーモデリング誌　2015年3月号

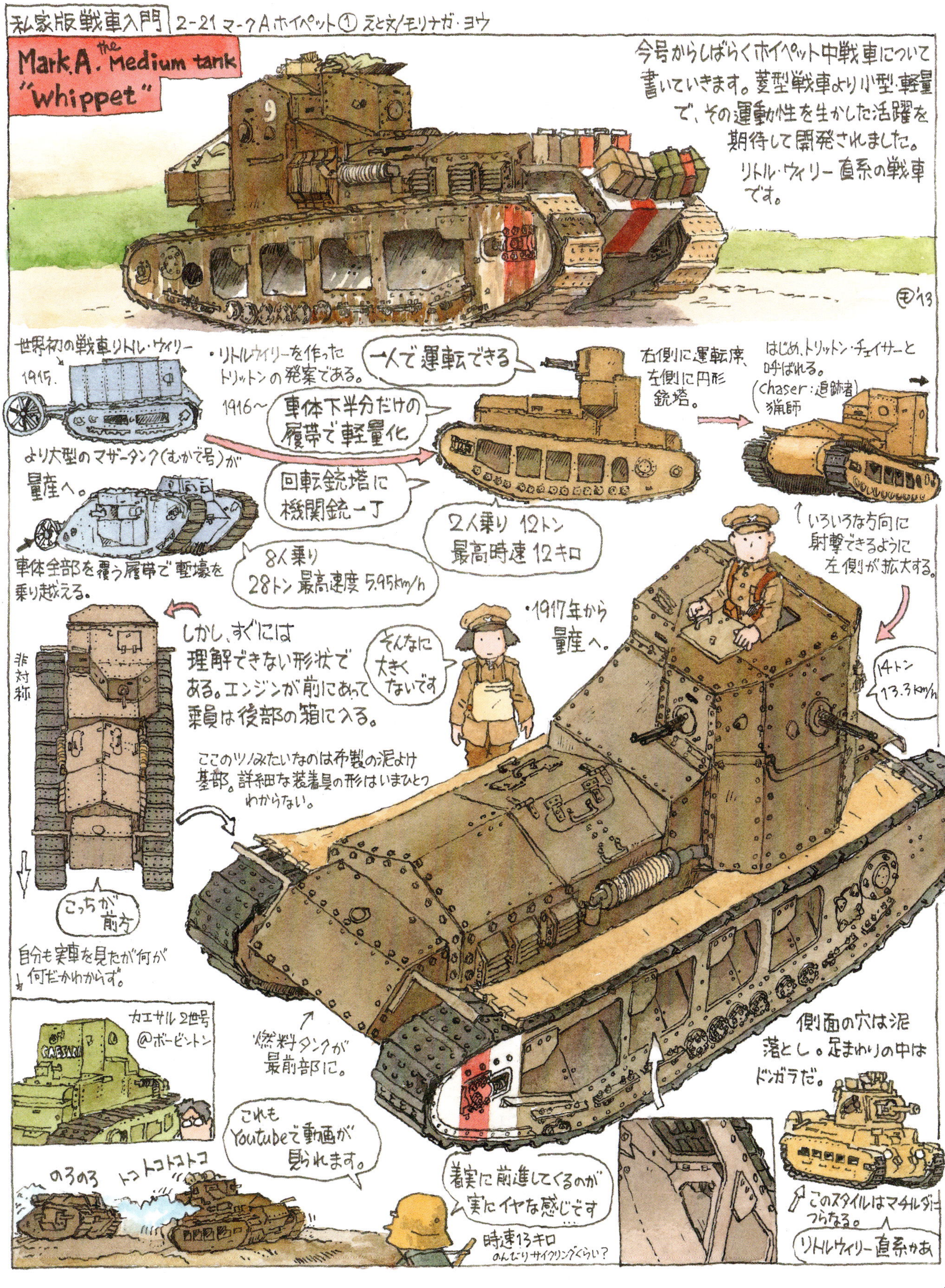

私家版戦車入門 2-21 マークAホイペット① えと文/モリナガ・ヨウ
Mark.A. the Medium tank "Whippet"
今号からしばらくホイペット中戦車について書いていきます。菱型戦車より小型・軽量で、その運動性を生かした活躍を期待して開発されました。
リトル・ウィリー直系の戦車です。
世界初の戦車リトル・ウィリー
1915.
・リトルウィリーを作ったトリットンの発案である。
一人で運転できる
1916〜
車体下半分だけの履帯で軽量化
回転銃塔に機関銃一丁
右側に運転席、左側に円形銃塔。
はじめ、トリットン・チェイサーと呼ばれる。
(chaser：追跡者)
猟師
より大型のマザータンク(むかで号)が量産へ。
2人乗り 12トン
最高時速 12キロ
いろいろな方向に射撃できるように左側が拡大する。
車体全部を覆う履帯で塹壕を乗り越える。
8人乗り
28トン 最高速度 5.95km/h
・1917年から量産へ。
非対称
しかし、すぐには理解できない形状である。エンジンが前にあって乗員は後部の箱に入る。
そんなに大きくないです
14トン
13.3km/h
ここのツノみたいなのは布製の泥よけ基部。詳細な装着具の形はいまひとつわからない。
こっちが前方
自分も実車を見たが何が何だかわからず。
カエサル2世号
@ボービントン
燃料タンクが最前部に。
側面の穴は泥落とし。足まわりの中はドンガラだ。
これもYoutubeで動画が見られます。
のろのろ
トコトコトコトコ
着実に前進してくるのが実にイヤな感じです
時速13キロ
のんびりサイクリングぐらい？
このスタイルはマチルダにつらなる。
リトルウィリー直系かあ

写真コラム 6

ホイペット戦車の機関室内部

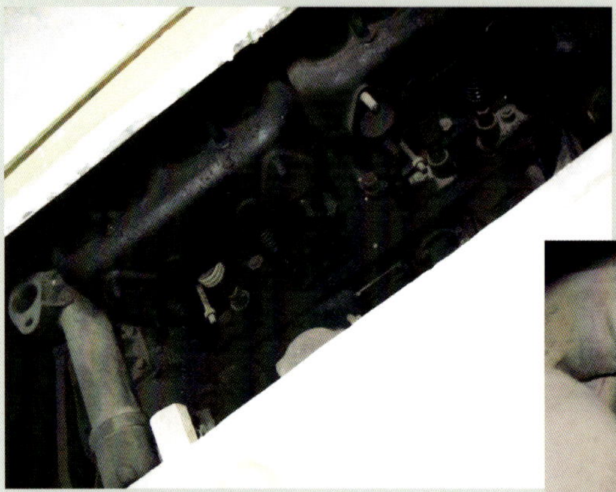

■ホイペットの機関室内部の写真。なんでこんな写真を撮ったのかというと、イギリスのボービントンまで戦車を見に行くんだよ、って言ったら、友人にぜひ機関室の中の写真を撮ってきてくれと言われて撮ったのがこれです。でも覗いてみたらパーツが外されちゃってました。中の構造をよく見せるためにわざと二つあるエンジンのえち手前のひとつを外しているのかも知れません。色々と勉強してゆくと、エンジンとつながってぐるぐると回るところの基部とかが見えてることがわかりました。取材に行った当時は、訳もよくわからずに撮ってきましたが、今になって見ると色々と興味深いものが写っている写真です。

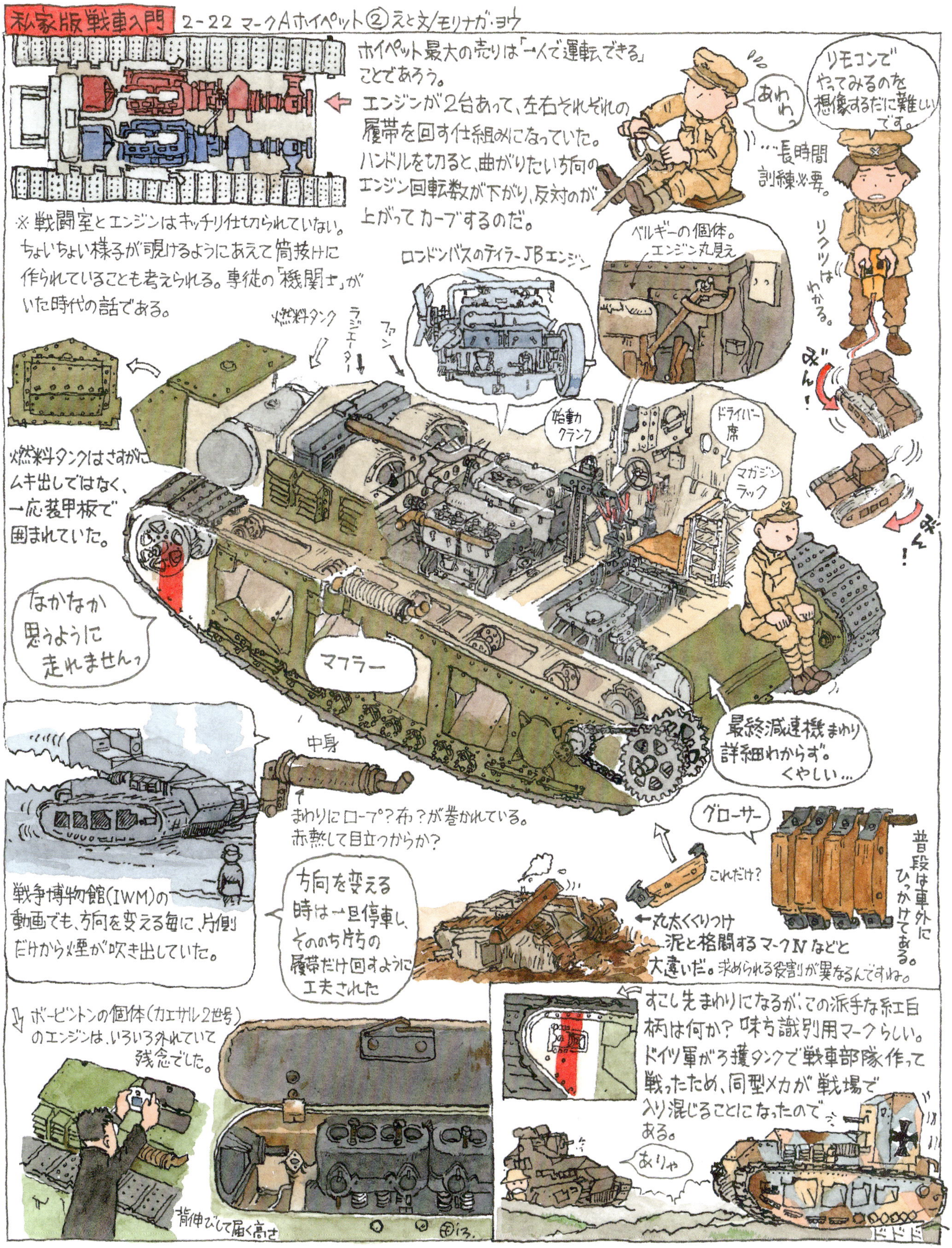
私家版戦車入門 2-22 マークAホイペット② えと文/モリナガ・ヨウ
ホイペット最大の売りは「一人で運転できる」ことであろう。
エンジンが2台あって、左右それぞれの履帯を回す仕組みになっていた。ハンドルを切ると、曲がりたい方向のエンジン回転数が下がり、反対のが上がってカーブするのだ。
あわわ
…長時間訓練必要。
リモコンでやってみるのを想像するだに難しいです。
リクツはわかる。
ぐぃん!
ぐぃん!
※戦闘室とエンジンはキッチリ仕切られていない。ちょいちょい様子が覗けるようにあえて筒抜けに作られていることも考えられる。専従の「機関士」がいた時代の話である。
ロンドンバスのテイラーJBエンジン
ベルギーの個体。エンジン丸見え
燃料タンク
ラジエーター
ファン
始動クランク
ドライバー席
マガジンラック
燃料タンクはさすがにムキ出しではなく、一応装甲板で囲まれていた。
なかなか思うように走れませんっ
マフラー
最終減速機まわり詳細わからず。くやしい…
中身
まわりにロープ?布?が巻かれている。赤熱して目立つからか?
戦争博物館(IWM)の動画でも、方向を変える毎に、片側だけから煙が吹き出していた。
方向を変える時は一旦停車し、そののち片方の履帯だけ回すように工夫された
グローサー
これだけ?
丸太くくりつけ
普段は車外にひっかけてある。
泥と格闘するマークⅣなどと大違いだ。求められる役割が異なるんですね。
ボービントンの個体(カエサル2世号)のエンジンは、いろいろ外れていて残念でした。
背伸びして届く高さ
すこし先まわりになるが、この派手な紅白柄は何か? 味方識別用マークらしい。ドイツ軍がろ獲タンクで戦車部隊作って戦ったため、同型メカが戦場で入り混じることになったのである。
ありゃ
ドドド

ホイペットの細かな変化など

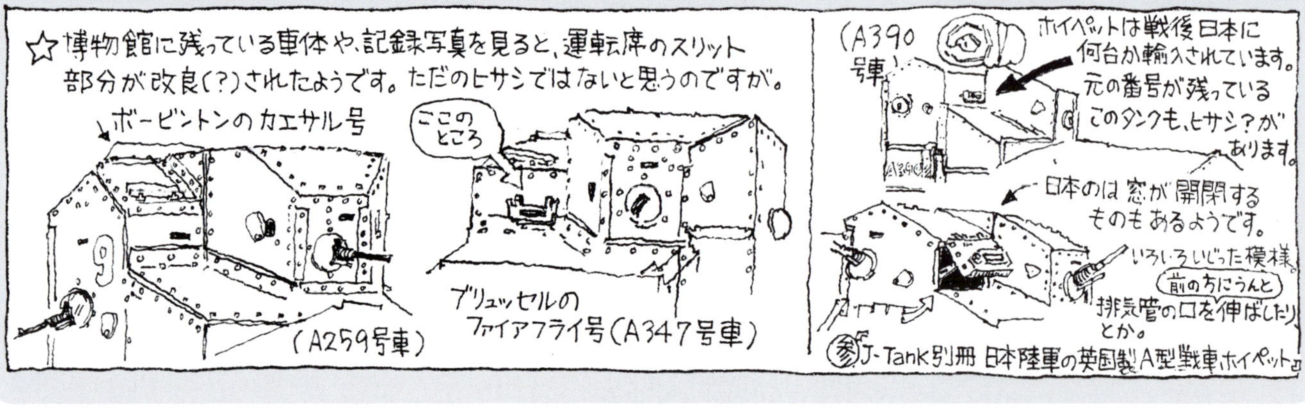
☆博物館に残っている車体や、記録写真を見ると、運転席のスリット部分が改良(?)されたようです。ただのヒサシではないと思うのですが。
ボービントンのカエサル号
(A259号車)
ここのところ
ブリュッセルのファイアフライ号(A347号車)
(A390号車)
ホイペットは戦後日本に何台か輸入されています。元の番号が残っているこのタンクも、ヒサシ?があります。
日本のは窓が開閉するものもあるようです。
いろいろいじった模様。
前の方にうんと
排気管の口を伸ばしたりとか。
参『J-Tank別冊 日本陸軍の英国製A型戦車ホイペット』

私家版戦車入門 2-23 マークA ホイペット③ えと文/モリナガ・ヨウ

ミュージックボックス号の情景は2000年のアーマーモデリング（Vol.22）に載っていますね。

補遺コラム 20

トリットン・チェイサー正面図

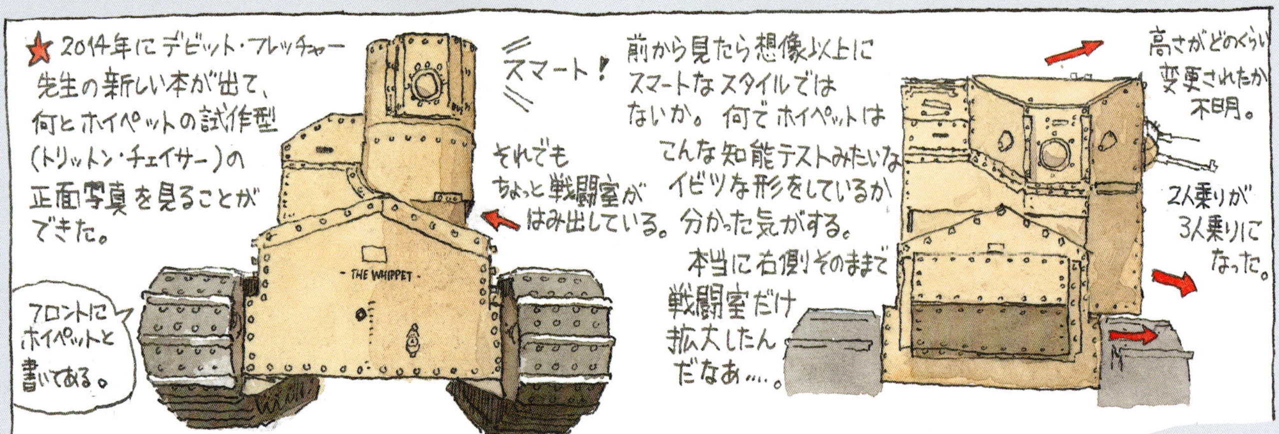
2014年にデビット・フレッチャー先生の新しい本が出て、何とホイペットの試作型(トリットン・チェイサー)の正面写真を見ることができた。
スマート!
それでもちょっと戦闘室がはみ出している。
THE WHIPPET
フロントにホイペットと書いてある。
前から見たら想像以上にスマートなスタイルではないか。何でホイペットはこんな知能テストみたいなイビツな形をしているか分かった気がする。
本当に右側そのままで戦闘室だけ拡大したんだなあ…。
高さがどのくらい変更されたか不明。
2人乗りが3人乗りになった。

私家版戦車入門 ホイペットコネタ えと文/モリナガ・ヨウ
さて…ホイペットの前身、トリットンチェイサーの話。
コンパクトな2人乗りタンクでしたが…
何より車内での意志疎通が不可能だったようです。
ずっとナゾだった「ホイペットのツノ」こと布フェンダー取付け棒のディテールの一端が明らかになりました。小さなリングが付いているようです。このリングに引っかける、と。
(ベルギー博物館の個体写真で発見。ファイヤフライ号)
後部のモノ。
本来はもう1つリングがあったと推測
運転手の視界も狭すぎる…。
で、燃料タンクを前に持っていってスペースを作り、戦闘室を拡大しました。
行きあたりばったり的に横に広げたので、ものすごくバランスが悪い。
運転手のずっと左に戦闘室が出っぱっている。
突っこんだり落ちたりする
☆小型化に伴い、エンジンの整備が車内でできなくなった。平時ならともかく、戦場では大変すぎますね。
ううッ
A7V
マークIV
他の大型戦車は車内でいじることができました。
整備士専従の時代
初期の内燃機関ですから、現在のクルマのイメージは通用しないのでした。
☆始動は、クランクを回して、同時にアレコレ複雑な操作がいる。エンジンが2つあるから、同じことを二度やる。
あっ、これは戸のストッパーでは?
「押しがけ」的なこともできた模様。片方のエンジンが回ったら、バックギアでつなげてやるみたい
適当なひっかかりのあるフラット地面でのみ可能
☆トコトコ直進する間も、絶えずギアを入れかえたり何だり、忙しい作業が必要だったそうです。
外からはわからぬ。
慣れた人はスムーズに進ませる
技能習熟は命がけ。運転が下手だとマトになる。
車内のクランクでも始動できるが、回すの2人がかりで、モーレツに、狭い。どう見てもドライバーに引っかかりそうですが!?
「一人で運転できる」ホイペットでしたが、運転手にはエンジンの熱気など押しよせ、運転は一日交替だった。他のクルーは交替要員でもあったのでした。
ドドドドド
…それは一人で運転できないのでは?

補遺コラム 21

戦車に荷物用のフックがつく

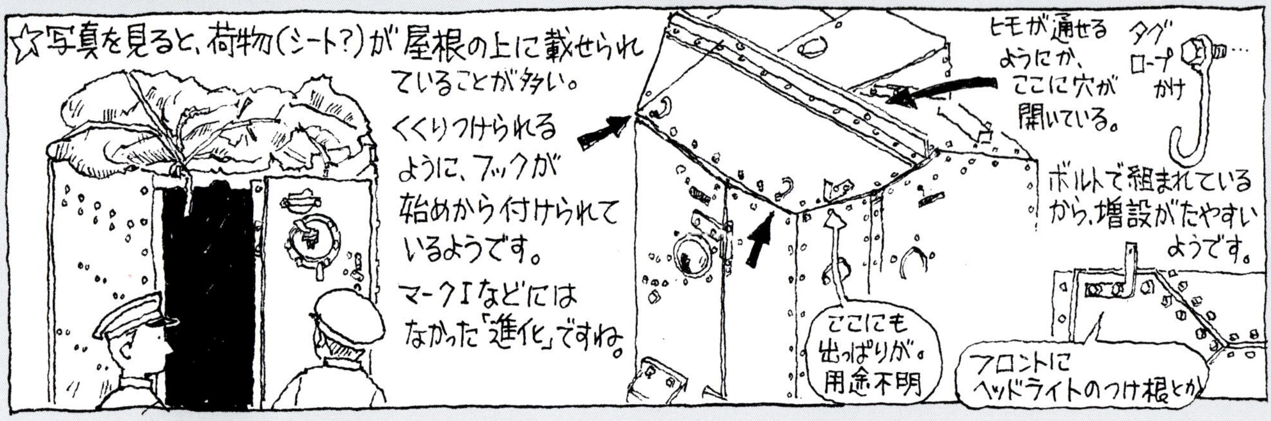

☆写真を見ると、荷物(シート?)が屋根の上に載せられ
ていることが多い。
くくりつけられる
ように、フックが
始めから付けられて
いるようです。
マークⅠなどには
なかった「進化」ですね。
ヒモが通せる
ようにか、
ここに穴が
開いている。
タグ
ロープ
かけ
ボルトで組まれている
から、増設がたやすい
ようです。
ここにも
出っぱりが。
用途不明
フロントに
ヘッドライトのつけ根とか

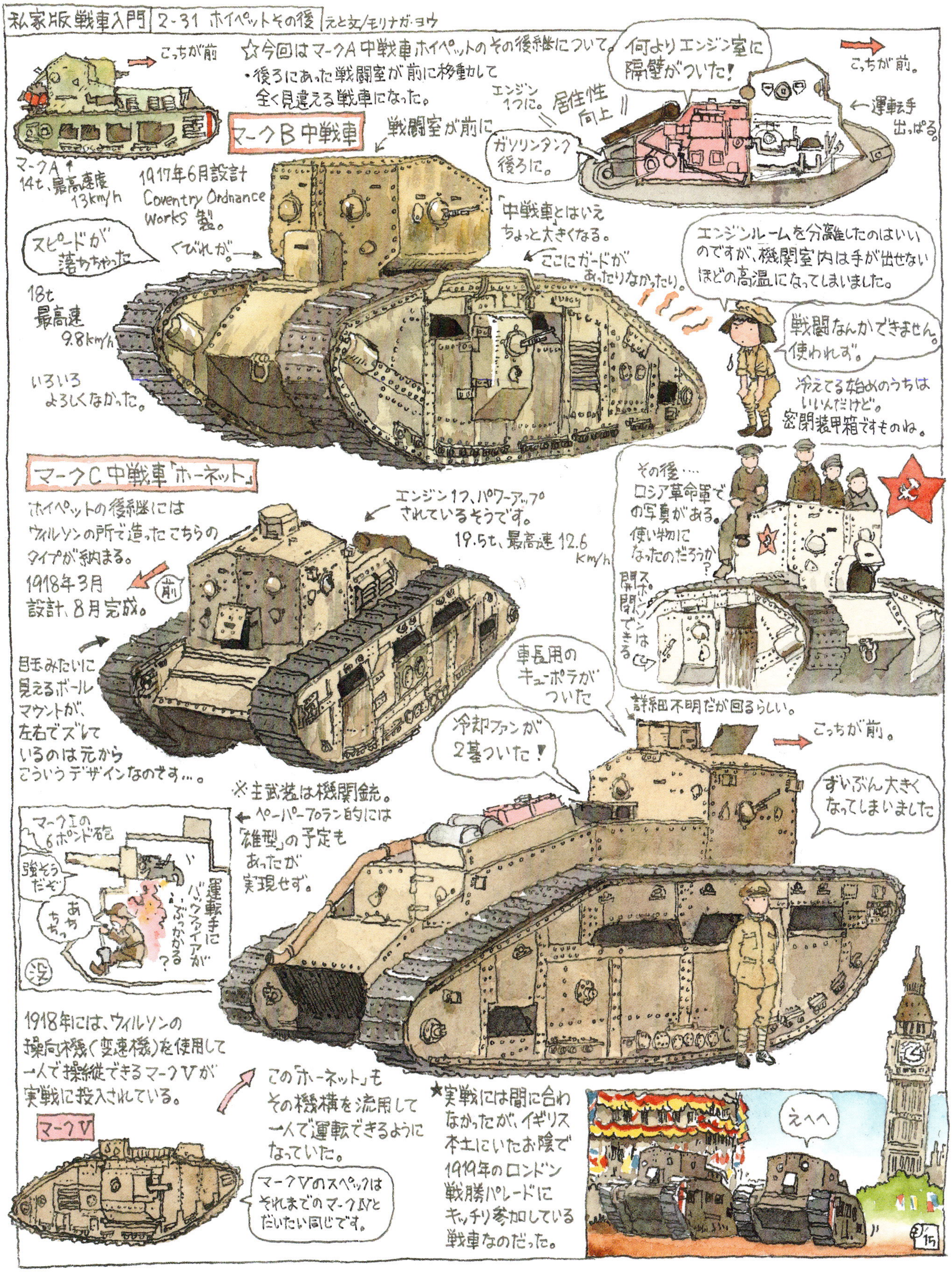
私家版戦車入門
2-31 ホイペットその後
えと文/モリナガ・ヨウ
こっちが前
☆今回はマークA中戦車ホイペットのその後継について。
・後ろにあった戦闘室が前に移動して
全く見違える戦車になった。
マークA↑
14t、最高速度
13km/h
マークB中戦車
戦闘室が前に
1917年6月設計
Coventry Ordnance
Works製。
スピードが
落ちちゃった
くびれが。
18t
最高速
9.8km/h
いろいろ
よろしくなかった。
何よりエンジン室に
隔壁がついた！
こっちが前。
エンジン
1つに。
居住性
向上
←運転手
出っぱる。
ガソリンタンク
後ろに。
「中戦車」とはいえ
ちょっと大きくなる。
ここにガードが
あったりなかったり。
エンジンルームを分離したのはいい
のですが、機関室内は手が出せない
ほどの高温になってしまいました。
戦闘なんかできません。
使われず。
冷えてる始めのうちは
いいんだけど。
密閉装甲箱ですものね。
マークC中戦車「ホーネット」
ホイペットの後継には
ウィルソンの所で造ったこちらの
タイプが納まる。
1918年3月
設計、8月完成。
前
エンジン1つ、パワーアップ
されているそうです。
19.5t、最高速12.6
km/h
その後…
ロシア革命軍で
の写真がある。
使い物に
なったのだろうか？
スポンソンは
開閉できる
目玉みたいに
見えるボール
マウントが、
左右でズレて
いるのは元から
こういうデザインなのです…。
車長用の
キューポラが
ついた
詳細不明だが回るらしい。
冷却ファンが
2基ついた！
こっちが前。
ずいぶん大きく
なってしまいました
※主武装は機関銃。
←ペーパープラン的には
「雄型」の予定も
あったが
実現せず。
マークⅠの
6ポンド砲
強そう
だぞ
あち
ちちっ
運転手に
バックファイアが
ぶっかかる？
没
1918年には、ウィルソンの
操向機（変速機）を使用して
一人で操縦できるマークⅤが
実戦に投入されている。
マークⅤ
この「ホーネット」も
その機構を流用して
一人で運転できるように
なっていた。
マークⅤのスペックは
それまでのマークⅣと
だいたい同じです。
★実戦には間に合わ
なかったが、イギリス
本土にいたお陰で
1919年のロンドン
戦勝パレードに
キッチリ参加している
戦車なのだった。
えへへ
15

あとがき

2000年代初頭、海洋堂の食玩ワールドタンクミュージアムが大当たりしていたころ、自分はその解説イラストを担当していました。戦車の漬物みたいな日々の中で、ふと、ではそもそも戦車とはなんだろう、と思ったことが連載のきっかけです。子供のころ読んだいろいろな戦車図鑑を見ると、黎明期の戦車や「戦車以前」の戦闘車両のページはすぐ終わってしまいます。その辺の戦車はいったいどういうモノだったのか記事にしてみたい。ブームの今なら、そんなところばっかり続けた連載が出来るのではないか、と考えたわけです。

また、ワールドタンクの解説マンガは一枚に話題を圧縮しています。物理的に書ききれないことや、なんとなくこんな理由ではないか？　という寝言的なものは入りきりません。ちょこちょこ調べたり考えたりしながら、入りきらなかったら次の回に続けるという、いつ終わるとも知れない漫談のように古戦車の話をしたかったのです。ルーズリーフに大まかな仮説と流れを決めて、連載を進めて行きました。どんどん遡ってしまい、全く謎の記事が続く訳ですが、それでも本人的にはナニゴトかに向かっていたのでした。

今回は戦車誕生100年に合わせて、菱形戦車など英国戦車中心にまとめさせていただきました。延々「タンク以前」を積み上げていたので、本書冒頭から「ついに」とか「やっと」と言っているのはそういう理由からです。菱形戦車でも連載時は十分近代的なメカに見えました。

勉強しながら、ながく続けていると新しい資料や視点は次々にでてきます。衝撃的だったのは、朝霧の中押し寄せてくるタンク初陣の定番イメージの変更です。天井の排気管から火を噴いていたというのは驚きでした。追加の話題を足し続けているといつまでたってもまとまらないので、いっぺんここで切ることにしました。

もともと第一次大戦期のタンクには興味がありました。古道具好きというか、リベットに覆われたレトロな乗り物には惹かれるものがあります。2003年にイギリスのボービントン博物館に行った時は、滞在時間のかなりの部分を第一次世界大戦コーナーで過ごしました。実際の菱形戦車やルノーＦＴを肌で感じた訳です。想像より二回りも大きく大変に重そうでした。うんと近づいたり、背伸びして書籍では見ることができなかった天井部分を撮影できたり、収穫は多かったと思います。何より印象深いのは、生々しく鉄板を切ってボルトやリベットで組み立てた洗練とは程遠い物体の、いささか「つっけんどん」な感じです。なかなか他に例えられる物がありません。

連載が長期にわたり、環境もずいぶん変化しました。また、当初では考えられなかったインターネットの発達には大変に助けられました。本文中でも触れていますが、遠方の博物館の収蔵品や、見たこともない当時の記録写真などがアップされていたり大変参考になりました。文字でしか知らなった物の、実物が画像で見られたりすると感動的であります（次巻以降に紹介できると思いますけれども、当時の雑誌の切り抜きなどピンポイントに通販されていました。世界中で、誰かがこの写真の載ったページを欲しがっている、網を張って検索されるのを待っていると。それが自分だった訳ですね）。描き手側にも変化がありました。途中で紙が変わったり、大事な書き文字用の細いガラスペンが折れてしまったり（これは職人がいなくなって、もう手に入らないので、未だに模索しています）。久しぶりに１０年前の原稿と向き合うのは、少し不思議な気分でした。

英国戦車の薀蓄についての多くは、戦車研究の泰斗、デビット・フレッチャー氏の著作に多くを負っています。19世紀の蒸気戦車について質問したら、写真を送って下さいました。優しい。氏に感謝です。ところで、同様にその道では有名なスティーブン・ザロガ氏が「デビット氏を語り合ったが当時の戦車の色は良くわからない」ということだそうです（月刊アーマーモデリング誌2016年1月号）。この二人が分からないんだったら仕方ない、という説得力に溢れています。だいたいの想像で塗られている本書のカラーイラストも、大らかな気持ちで見ていただけたらと思います。

単行本にするにあたり、はじめ連載のままみっしり詰めたら描いた本人も胸焼けをする物になってしまいました。特に後半、同じような泥まみれページが延々続くのは極めて第一次大戦的ではあるもののなかなか厳しく、片面は少しリズムを変えた現在の形にいたしました。

さて、このような連載を長々と続けさせてくれた『月刊アーマーモデリング誌』という媒体に感謝するとともに、歴代の編集長・担当編集者さまの、吉祥寺さん、海谷さん、神藤さん、斎藤さん、尾崎さん、佐藤さん、正木さん、柏木さん、単行本の作業をして下さった吉野さん、市村さんはじめ多くの方々のお力で本にすることができました。ありがとうございます。

また、菱形戦車のマニュアルを取り寄せてくれた「いたろ」様、史料をFAXして下さった上田信先生、帯用にイラストを描いてくださった杉本功様・関係者の皆様、そして洋書の翻訳作業にずいぶん駆りだした老父にも感謝いたします。

余談ながら、中学生の時に井上ひさしの『私家版日本語文法』という本を読みまして、その「私家版」という言葉に憧れました。自分もいつかこんなタイトルで本を出してみたいと思っていました。小さな夢がかなって嬉しいです。

●左は、テスト版的、いわば「私家版戦車入門」の連載ゼロ回に使われたイラストです。初出は月刊アーマーモデリング誌、2004年3月号

参考文献

図鑑世界の戦車　アルミン・ハレ／久米穣　訳編　少年少女講談社文庫(昭和49年)
世界の戦車　菊池晃　平凡社カラー新書　(1976)
戦車大突破　第一次世界大戦の戦車戦　D・オーギル／戦史刊行会訳　原書房　(1980)
対戦車戦　ジョン・ウィークス／戦史刊行会訳　原書房 (昭和55年)
手榴弾・迫撃砲　イアン・フォッグ／関口幸男訳　サンケイ新聞出版局　(1974)
メカニックブックス3　世界の戦車　ケネス・マクセイ編著 ／ 林憲三訳　(1984)
世界の戦車1915-1945
ピーター・チェンバレン&クリス・エリス ／ アートボックス　大日本絵画(1997)
機関銃の社会史　ジョン・エリス／越智道雄訳　平凡社(1993)
戦車メカニズム図鑑　上田信　グランプリ出版　(1997)
学研の大図鑑　世界の戦車・装甲車　学習研究社　(2003)
八月の砲声　バーバラ・タックマン　／山室まりあ訳　筑摩書房　(1986新装版)
20世紀の歴史　第1次世界大戦　上・下　J・M・ウインター著 ／ 深田甫　監訳
(1990)
第一次世界大戦の起源　ジェームス・ジョル ／　池田清　訳　みすず書房　(1997)
第一次世界大戦　リデル・ハート　上村達雄訳　中央公論新社　(2000)
ビジュアル博物館　第一次世界大戦　サイモン・アダムス　同朋舎　(2002)
歴史群像シリーズ　図説第一次世界大戦　上・下　学習研究社　(2008)
仏独共同通史　第一次世界大戦　上・下
ジャン=ジャック・ベッケール　ゲルト・クルマイヒ　剣持久木　西山暁義　訳
岩波書店　(2012)
第一次世界大戦　開戦原因の再検討　国際分業と民衆心理
小野塚知二　編　岩波書店(2014)
第一次世界大戦　木村靖二　ちくま新書　(2014)
世界戦争 (現代の起点 第一次世界大戦 第1巻)
山室信一ほか編　岩波書店 (2014)
ボーア戦争　金とダイヤと帝国主義　岡倉登志　教育社　(1986)
鉄条網の歴史 - 自然・人間・戦争を変貌させた負の大発明
石弘之　石紀美子　洋泉社　(2013)
わが半生 W.チャーチル、中村 祐吉訳　角川文庫　(1965)
J－Tank別冊　日本陸軍の英国製A型戦車ホイペット
下原口　治虫　ジェイ・タンク将校集会所(2015)

STEAM ON THE RIAD David Burgess Wise Hamlyn (1974)
Army Uniforms of World War 1 Andrew Mollo Blandford Press (1977)
THE SOMME THEN AND NOW John Giles After The Battel (1986)
Tank Mechanical Maintenance Mark IV Tank MLRS (2006)
TANKS AND TRENCHES David Fletcher Alan Sutton Publishing (1994)
The British Tanks 1915-19 David Fletcher The Crowood Press (2001)
The British Army 1914-18
D.S.V.Fosten & R.J.Marrion Osprey Publishing (1978)
The German Army 1914-18 D.S.V.Fosten & R.J.Marrion Osprey Publishing (1978)
Cambrai 1917 The Birth of armoured warfare
Alexander Turner Osprey Publishing (2007)
World War I Gas Warfare Tractcs and Equipment Simon Jones Osprey Publishing (2007)
British Mark I Tank 1916 David Fletcher Osprey Publishing (2004)
Armored Units of the Russian Civil War David Bullock Osprey Publishing (2006)
British Mark IV Tank David Fletcher Osprey Publishing (2007)
Mark IV vs A7V: Villers-Bretonneux 1918 David Higgins Osprey Publishing (2013)
Medium Mark A Whippet David Fletcher Osprey Publishing (2013)
Beute-Tanks British Tanks in German Service Vo.1,Vo.2 Rainer Strasheim Tankograd (2011)

私家版戦車入門1

無限軌道の発明と英国タンク

著者略歴

モリナガ・ヨウ

MORINAGA Yoh

1966年東京生まれ
早稲田大学教育学部卒業（地理歴史専修）
漫画研究会在籍

大学在学中よりカットイラストの仕事をはじめ、
デビューは1987年『朝日ウイークリー』［キャンパス光と影］。
ルポイラストを得意とし、
さまざまな事象を精密でわかりやすく描くイラストの世界では、
幅広い読者の人気を得ている。

■著書
『35分の１スケールの迷宮物語』、『あら、カナちゃん！』、
『ワールドタンクミュージアム図鑑』、『東京右往左往』、
『モリナガ・ヨウの迷宮プラモ日記　第１集［フィールドグレイの巻］』
『モリナガ・ヨウの迷宮プラモ日記　第２集［ガンメタルの巻］（以上、小社刊）、
『図録王立科学博物館』（共著、三才ブックス刊）、
『働く車大全集』、『モリナガ・ヨウの土木現場に行ってみた！』（以上、アスペクト刊）、
『新幹線と車両基地』（平成22年度厚生労働省児童福祉文化財推薦作品）、
『ジェット機と空港・管制塔』、『消防車とハイパーレスキュー』（以上、あかね書房刊）、
『イラストとDVDで見る　陸自マシーン大図解！』（学研パブリッシング刊）など。
『東京大学の学術遺産 捃拾帖』（KADOKAWA）
『築地市場 絵でみる魚市場の一日』（小峰書店）
など

私家版戦車入門１ 無限軌道の発明と英国タンク

2016年４月28日　初版第一刷

著者／モリナガ・ヨウ

発行人／小川光二
発行所／株式会社　大日本絵画
〒101-0054　東京都千代田区神田錦町１丁目７番地
Tel　03-3294-7861（代表）　Fax 03-3294-7865
http://www.kaiga.co.jp/

編集人／市村弘
企画・編集／株式会社アートボックス
〒101-0054　東京都千代田区神田錦町１丁目７番地
Tel　03-6820-7000（代表）　Fax 03-5281-8467
http://www.modelkasten.com/

デザイン／丹羽和夫（Tipo96 Centrostyle）

印刷／大日本印刷株式会社
製本／株式会社ブロケード

本書に掲載された図版、写真、テキスト等の無断転載を禁じます。

定価はカバーに表示してあります。
ISBN978-4-499-23174-9

©モリナガ・ヨウ　©2016　大日本絵画

内容に関するお問い合わせ先　03-6820-7000 (株)アートボックス
販売に関するお問い合わせ先　03-3294-7861 (株)大日本絵画